原口秀昭——著

林郁汝、林書嫻——譯

圖解木造建築
入門 全新增訂版

一次精通木造建築從尺寸、工法、地盤、
屋頂到裝潢的基本知識、施工與運用

作者序

「木造建築」是一門在任何學校都不易教導的課程。在教學的程序上，木造建築通常會安排在鋼筋混凝土或鋼骨結構建築之前；剛開始從事設計時，也常會從木造建築入門。但木造建築的結構繁複，與鋼筋混凝土或鋼骨結構建築差異較大，例如梁的上層面是在同一個平面。又因為木造建築有悠久的歷史，在軸組或裝飾材上因而出現許多專有名詞。因此，木造建築的梁柱構架式工法其實是複雜且困難的，這是初學者的一大障礙，卻也是它有趣的地方。

設計製圖的課程中，一般會從複製木造建築的設計圖開始。有很多不懂木造建築原理、不懂到底在畫什麼就開始畫設計圖的學生；也有的老師覺得要將所有概念都理解後才來畫圖，可能到最後都畫不了，所以索性讓學生先複製設計圖。但如果不清楚設計圖上的線所代表的意義，而只是單純摹寫，我想只會浪費許多時間。

在我的想法裡，複製設計圖之前，最好先了解木造建築的規則、原理和構造等基本知識。可是實際上，雖然想要教授這些基本知識，卻沒有適合的教科書。雖然有很多結構工法的設計圖集、製圖的教科書，但一開始就看這些書，我認為學生們會有許多「這是什麼」的疑問，因為我在學生時代時也是如此。

有這個想法後，我開始在部落格（http://plaza.rakuten.co.jp/haraguti/）上以學生為對象，用圖文來介紹木造建築的基本知識，也是前作《圖解RC造建築入門》的延伸。我請學生們將每一篇文章複製下來、貼在筆記本上。有些學生覺得這些文章簡明易瞭很有幫助，也有些抱怨要貼成3本很困擾。本書是重新編輯部落格上所寫的文章及插圖，將其匯集成1本可以當成教科書使用的書，盡可能地將難懂的地方以簡單的方式來說明。

內容先從整體，再從軸組到外觀裝潢。主要以工程的順序，由下至上的軸組以及由外到內的裝潢循序漸進介紹。

首先，從標準尺寸、人體尺寸、各種尺寸等設計時必要的尺寸談起，在思考木造建築時，很難逃避尺、間等單位。（在本書中，基本上1間為1,820mm、半間為910mm、1尺為303mm，但是在以方便理解為優先時，會以簡化的數值表示，1間為1,800mm、半間為900mm、1尺為300mm；而在較重視數值的正確度時，採用1間為1,818mm、半間為909mm、1尺為303mm。）介紹完尺寸後，接著介紹工法，以梁柱構架

式工法（軸組式）和框組式工法（2×4工法）相互比對做為主軸，概略說明建築物如何組裝，希望讓讀者對木造建築的整體先有初步的概念。

在介紹完尺寸、工法後，依照工程順序，由下而上介紹結構體和軸組。基礎和地檻完成後，接下來是豎立柱子建造出牆壁的結構，地板組則從下而上，依序是1樓地板組、2樓地板組到屋架組，整座結構體都完成後，再從外部到內部介紹裝潢工程。

整體而言，我自認為這是一本適合做為掌握木造建築基本知識的入門書，相當易讀。只要反覆閱讀本書的解說和插圖，應該就能完全吸收木造建築的基本知識。將木造建築的基本知識應用在設計圖的作業上，學習效率應該會提升。看著漫畫或插圖，快樂地學習吧！若看完本書認識了木造建築後，也請看看我的另一本著作《圖解RC造＋S造練習入門》，一併掌握RC結構、鋼骨結構建築的基本知識吧！此外，個人網頁（MIKAOCHANNEL http://mikao-investor.com）中彙整了我的上課影片與著作，也請務必參考。

最後，由衷感謝在企畫階段幫助我的中神和彥先生，和仔細進行原稿整理和校稿彰國社的尾關惠小姐。

2009年1月

原口秀昭

本書於2021年修訂時，因應新興木造建築潮流，新增了2X4工法的梁柱構架式工法、無地板格柵工法等內容，以及學生經常感到困惑的斷面圖的畫法、樓梯的尺寸。我想對各位會更有幫助。期盼各位能藉本書嫻熟木造建築的基礎。

2021年1月

原口秀昭

註解

- 梁的寬度、厚度等結構的尺寸，會因木材種類是天然木材或集成材等而變動，本書中所列數值是標準的參考值，實際從事設計時請依據結構計算結果來設定。
- 本書的「工法」雖有施工作法的意思，但在本書中是表示廣義的結構工法。

目次 CONTENTS

圖解木造建築入門

Q 三六板指的是什麼？

▼

A 一般在市面上販售，約3尺×6尺大小的木板。

⬛ 1尺約為303mm，3尺是909mm，6尺則為1,818mm。在建築上，當以 mm為單位時，通常會省略最後的mm，而只以數字表示。請牢記1、3、 6尺這三個尺寸喔！

　　　1 尺＝ 303mm
　　　3 尺＝ 909mm
　　　6 尺＝ 1,818mm

在日本傳統建築的習慣上，大多使用三六板，所以3、6的尺寸也成為許 多木造住宅的基本尺寸。

而 909mm×1,818mm 的尺寸太過精細，所以取近似值，以910mm× 1,820mm 來製造與販賣。

　　　三六板的大小＝ 910mm×1,820mm

把這個近似值也記下來吧！

3尺

6尺

3尺×6尺
（910）（1,820）

一般市面上販賣的木板大多為三六板喔！

Q 1間是多少mm？

▼

A 1,818mm。

💭 三六板的長邊為6尺，也叫作1間，而3尺則稱為半間，這個數字也請牢記在心。在國際單位制度（SI）中明訂1間為1.8182m。記憶時可省略最後的2，記住1間＝1.818m。有時1間視情況而定，會以1,800mm或1,820mm做為建築的標準尺寸。

> 3 尺＝ 909mm ＝半間
> 6 尺＝ 1,818mm ＝ 1 間

日本以前的單位系統稱為「尺貫法」。為什麼要記住這種尺寸呢？那是因為現在的木造建築中仍然常常使用，例如木板的尺寸多為三六板。而尺貫法不僅僅在木造建築，也關乎鋼筋混凝土（RC）建築、鋼骨結構（SS）建築。雖然尺貫法和公尺是不同的單位系統，倘若不習慣會有所不便，但是尺貫法也和人體的尺寸有關，其實相當合乎常理！

「間」有許多種的意義，比方説：柱子和柱子之間的間隔、房間的單位。將1間訂為6尺是從明治時期開始的習慣，而在這之前，各地有其習慣，也有將1間訂為 3.5尺。

> 三六板的短邊→半間＝ 3 尺＝ 909mm → 910mm
> 三六板的長邊→ 1 間＝ 6 尺＝ 1,818mm → 1,820mm

三六板的尺寸為半間 ×1 間

1 間就是 6 尺

半間

一間

Q 三六板和榻榻米（疊）的尺寸是相同的嗎？

▼

A 幾乎一樣大。

有時候三六板和榻榻米的尺寸會完全相同，但有時也會有些許差異，主要是因為地區的不同，例如京間、田舍間等，基準尺寸的設定方式便會不同。因此，榻榻米的大小會因為地區或製作方式的不同而產生差異。在關東地區，兩面牆壁中心到中心的距離，一般為半間（900、909、910mm）的倍數。而榻榻米是鋪在牆壁的內側，尺寸還要扣掉牆壁的厚度，因此會比半間×1間還要小。通常榻榻米師傅會到現場測量後，再做出特殊尺寸的榻榻米。所以把榻榻米換個方向鋪設，尺寸就有可能會不合喔！

　　榻榻米的大小≒三六板＝910mm×1,820mm

日本人的居住方式和榻榻米有很深的淵源，有句俚語是這樣說的：「站時半疊，睡時一疊，」意思就是：「人站立的時候需要半個榻榻米的空間，躺臥時1個榻榻米的空間便已足夠。」接著下句是：「得天下也不過4疊半。」含有即便貪求更寬廣的空間也是徒然的意思。從這裡便可以略為窺見與《方丈記》類似的價值觀（方丈約為4疊半）。

三六板的大小是半間×1間

幾乎和榻榻米一樣大呢！

編注：《方丈記》為日本三大隨筆之一，作者鴨長明是下賀茂神社神官之子，因故無法實現繼承神官職位的心願，失意之餘剃度出家，過著隱居生活，以「漢字＋假名」寫下《方丈記》，流露出對時代變幻無常的感慨。

Q 三六板和雙面糊紙拉門（日：襖）、單面糊紙拉門（日：障子）的尺寸相同嗎？

▼

A 幾乎一樣大。

傳統的雙面糊紙門和單面糊紙拉門幾乎和三六板的尺寸一樣，和室拉門下方的溝槽稱作敷居（下檻），上方的溝槽則稱為鴨居（上檻）。從敷居頂端到鴨居下緣的開口，其有效高度稱作內法高，大約是6尺（1間）。

　　　內法高≒6尺＝1間（1,818mm）

以前的建築，內法高大多是5.8尺（約1,760mm）左右，這是因為當時日本人的身高普遍比現在矮。

在這個不到1間高的開口嵌入糊紙拉門，如果門扇沒有比內法高還要高，便無法嵌入溝槽中，所以糊紙紙門的高度尺寸是略大於內法高，也就是約莫為1間。

一般都是在1間的長度中，設置兩扇、不同開門方向的糊紙拉門。只要在同一個軌道裡設置兩個槽溝，就能使兩扇門分別向左右拉開。

在間隔1間的兩根柱子的內側必須放入兩扇門，所以一扇門的寬自然會比半間小一點。

　　　糊紙拉門的大小≒三六板＝910mm×1,820mm

在現代木造住宅的設計中，內法高的高度已漸趨設計得比1間還高，主要是因為日本人的平均身高變高，容易撞到頭的關係。

三六板≒雙面糊紙拉門、單面糊紙拉門

內法高≒1間

• 走廊寬度等有效尺寸可稱為淨尺寸（請參照 R016）。

1

尺寸

Q 2塊三六板的面積是多少？

▼

A 大約是1坪。

 2塊三六板拼成的正方形，即邊長為1間的正方形，就是1坪。

> 2塊三六板的面積＝2張榻榻米的大小＝
> 邊長6尺的正方形＝邊長1,818mm的正方形≒1坪

以坪做為面積單位的習慣到現在仍然廣為使用。特別是在土地面積的計算上，通常都是以坪數來表示，建築物的樓地板面積和建築面積也常用坪數來表示。我們常會聽到「每坪開價多少？」卻鮮少聽到「每平方公尺開價多少？」的問法。

1坪的語詞源自於「步」的概念（日文的念法類似），「步」要踏二步。人的一步大約是90cm＝半間＝3尺；二步則約為180cm＝6尺＝1間。以兩步為邊長的正方形面積就是1坪。

順帶一提，有個說法是1坪相當於一個人一天食用的米量所需要的田地種植面積；一個人一年吃掉的米所需要的田地面積則為：1坪×365天≒360坪＝1反（日本土地面積單位），而這個米量就稱為1石。在豐臣秀吉時期的太閣檢地時，把1反改成300坪。請先記住1坪＝三六板2塊＝榻榻米2張。

2塊三六板
就是1坪

1坪＝三六板 ×2
　　＝榻榻米 ×2
　　＝邊長6尺的正方形
　　＝邊長2步的正方形

6尺

3尺　　3尺

Q 平方公尺（m²）要如何換算成坪？

▼

A 乘上 0.3025。

....

1m²＝0.3025 坪的係數是房地產業界共通使用的係數。雖然 1 坪大約是 3.3m²，但是不可以用這個數字來換算，一定要用 0.3025 來換算。雖然說坪數只是個參考值，但是對於房地產來說卻是相當重要的數值，如果換算出錯的話，就會演變成大問題。

首先，在圖面上會用 m² 來計算面積，然後再換算成坪數，不可以一開始就用坪數來計算。無論何時都是先以 m² 計算，再換算成坪數。在 m² 之後以（ 坪）等附加括弧的方式表示。然而向政府機關提出相關申請時，則全部都是用 m² 來計算。

坪數＝ m² 數 ×0.3025
m² 數＝坪數 ÷0.3025

在實務上通常也是使用 m² 換算成坪數。1 坪是邊長 6 尺的正方形，即邊長 1.818m 的正方形，所以：

1 坪＝ 1.818×1.818＝ 3.305124 m²
1 m²＝ 1÷3.305124＝ 0.302560509 坪

0.3025 就變成業界的標準，請記住 0.3025 這個係數喔！

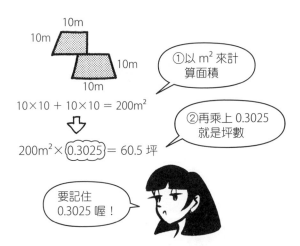

③尺寸

Q 除了三六板以外，還有哪些木板規格？

▼

A 公尺板（約1m×2m）、三十板（約900mm×3,000mm）、四八板（約1,200mm×2,400mm）、四十板（約1,200mm×3,000mm）、五十板（約1,500mm×3,000mm）等。

 雖然最常被使用的是三六板，但還有公尺板、四八板等多種不同規格的板材。

在標記上通常以一撇（'）代表尺的單位，所以三六板的尺寸通常標示為3'×6'、四八板（4尺×8尺）標示為4'×8' 等。一撇（'）有時也代表英尺（請參照R022）。

正確的尺寸可能是303mm的倍數，也可能會取近似值，另外也會因不同的材質（金屬、木材等）而有差異。

在這裡除了三六板的尺寸一定要牢記之外，把三十板、公尺板的尺寸也記下來吧！三十板用在外部裝潢上，可減少接縫。

- 1m×2m　　公尺板　約1,000×2,000
- 3'×6'　　　三六板　約900×1,800　　　　要記得喔！
- 3'×10'　　三十板　約900×3,000
- 4'×8'　　　四八板　約1,200×2,400
- 4'×10'　　四十板　約1,200×3,000
- 5'×10'　　五十板　約1,500×3,000

原來還有這些規格的木板啊。

不過三六板還是最常見的喔。

Q 站著工作或休息等時候，一個人所需的空間為？

▼

A 大約需要半張榻榻米（三六板的一半）的大小。

1

尺寸

這就是「站時半疊，睡時1疊，得天下也不過4疊半」的第一句。

如下圖所示，站著工作、端盤子移動、站著休息等，至少都需要半個榻榻米的空間與寬度。比方說，廚房流理台與後面櫃子間的距離大約需要90cm（3尺）；冰箱門打開時也需要留有90cm，在使用上會較方便，最低限度也要留有75cm；走廊寬也是約90cm。實際建造時，兩牆壁心間的距離大部分會做成3尺，也就是909或910mm等寬度，因此走廊的有效尺寸（淨尺寸）就會比80cm還要小一點。

一個人光只是站著，通常也需要半個榻榻米的大小。上下班尖峰時刻的大眾交通工具裡，人人像沙丁魚般擠得不得了的狀況，所需空間會更小。但要能舒服站著，約莫要半個榻榻米大的空間。例如，能容納100個人站立的會場，至少需要50個榻榻米的空間。若假設半個榻榻米是$1m^2$，則需要100 m^2的空間。

多用三六板和榻榻米的尺寸來思考，會更容易掌握平面空間的大小喔！

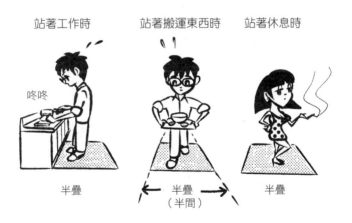

站時半疊，睡時 1 疊，得天下也不過 4 疊半

Q 睡眠所需要的空間為？

▼

A 一個榻榻米，也就是1m×2m左右。

....

這就是來自「站時半疊，睡時1疊，得天下也不過4疊半」中的第二句。
以前的人比較矮，所以睡眠的空間只要一個榻榻米就已足夠。但是現在的
人愈長愈高，愈來愈多人已無法睡在一個榻榻米的空間裡，所以床鋪除了
有1m×2m的尺寸，還有1.1m×2.1m，更有1.5m×2.3m的尺寸。當然，
愈大的床愈舒適，但還是要配合房間的大小。請記住：

　　　睡覺所需最小的空間＝一個榻榻米或 1m×2m

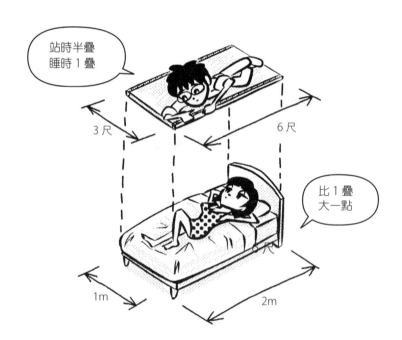

1

尺寸

Q 《方丈記》中方丈庵的平面大小為？

▼

A 大約是4.5個榻榻米（4疊半）。

....

1丈＝10尺＝3,030mm（丈的單位可以不用記）。

方丈是邊長1丈的正方形，也就是邊長約3m的正方形房間。

4.5張榻榻米（4疊半），是邊長9尺的正方形，大約是邊長2.7m的正方形房間，所以方丈會比4疊半還要大一點。另外，「庵」指的是簡陋的小屋（禪宗的僧侶宿舍也有稱為方丈的說法）。

鴨長明在邊長3m的簡陋方丈庵裡寫下了《方丈記》。他是京都下鴨神社神官的次男，生活並不困苦，卻認為樸實無常的價值觀才是重要的。

在這裡特別指出方丈庵，是因為它是最小房間尺寸的實例。在日本，一般房間的最小尺寸和方丈相同，也是4.5張榻榻米。若是3個榻榻米、2個榻榻米大小的房間，則常做為收納棉被的空間或儲藏室。

這就是俚語「站時半疊，睡時1疊，得天下也不過4疊半」中，最後一句4疊半的意思。得到天下的人，行住坐臥也只需要4疊半張榻榻米的大小就足夠，所以一個人再怎麼貪得無厭，所須的空間頂多就是這麼大。

4疊半

湍流的河水奔流不息 未曾中斷

方丈≒比4疊半大一點

Q 三六板大小的餐桌可以坐多少人？

▼

A 可以坐6個人。

....

🔲 <u>三六板大小的餐桌可以坐6個人</u>，而市面上販賣的6人座桌子的尺寸也約為略大或略小於三六板。

三六板的尺寸為910mm×1,820mm，若把1,820簡化為1,800，1人座的空間就會是：寬600mm×深450mm。與其死記這個尺寸，不妨這樣思考：

> <u>三六板可坐 6 人 → 一邊坐 3 人 → 1,800mm 坐 3 人</u>
> → 1 人為600mm

記住三六板的大小可坐6人，再依此計算出1人所需的空間。若了解這個原則後，也就可以概算出4人座的桌子尺寸了。

Q 4人座餐桌的尺寸為？

▼

A 約2/3個三六板，900mm×1,200mm左右。

因為三六板的大小可坐6人，所以1人所占的寬度約為600mm，假設一側坐2人，則為600mm×2＝1,200mm。

一塊三六板的大小是6人座，2/3塊的三六板就是4人座。

> 一塊三六板→ 6 人座
> 2/3塊三六板→ 4 人座

吃飯所需的空間，每人為寬600mm×深450mm。以這個尺寸為基準，喝茶時所需的空間則略小一點。如果是盤子數量很多的料理，則需要大一點的空間。餐廳、咖啡店的桌子大小，基本上都是以這個尺寸來設計的。

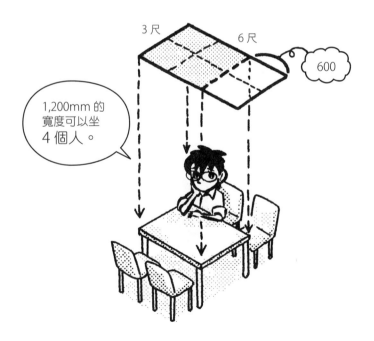

Q 4人座正方形餐桌的尺寸為？

▼

A 約三六板的一半，邊長900mm左右的正方形。

也就是以半間（3尺）為邊長的正方形。如果是以稍大的1,200mm為邊長，4個人坐會較寬鬆。

4人座的正方形暖爐桌邊長大多為900、750mm，大小約為三六板的一半。
正方形的桌子較沒有首位、末位的分別，且在四邊圍成一圈相向而坐，可增加整體感。而在圓桌時，主從的階層分別更小，所以國際會議上常使用大圓桌就是這個原因。

一個4人座的圓桌最小直徑為900mm，如果可以，直徑在1,000mm以上會更好。

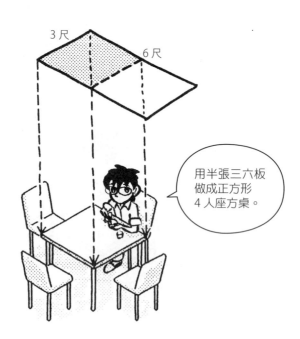

3尺

6尺

用半張三六板
做成正方形
4人座方桌。

1

尺寸

Q 1人座沙發的尺寸為？

▼

A 約三六板的一半，邊長900mm左右的正方形。

....

1人座沙發的尺寸，大一點的有1,200、1,300mm為邊長的正方形，小一點的則有邊長700、600mm的。有無靠臂會使沙發的大小有極大的差距，概略的尺寸則是900mm為邊長的正方形，也是約半張三六板的大小。請記住1人座沙發約等於半張三六板。

在看學生畫住宅平面圖時，常會發現家具的尺寸是錯誤的，且大多畫得比實際尺寸小。明明是沙發，邊長竟然只有500或400mm，因此平面圖上的房間看起來會比實際尺寸還要寬廣。

記得沙發約為半張三六板的大小就不會錯了。若是兩張沙發合在一起，則為一張三六板大，也就是一個榻榻米的大小。

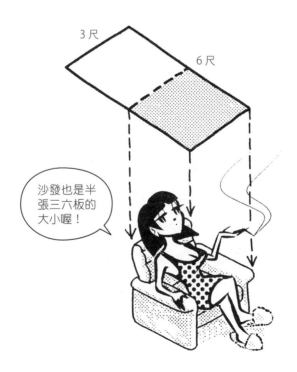

Q 餐桌椅的尺寸為？

▼

A 邊長約450、500mm的正方形。

....

🔲 椅子的尺寸為半張三六板的1/4，也就是邊長約450mm的正方形。

尺寸為三六板大小的6人桌，一側可坐3個人，寬1,820mm坐3個人，所以一個人約占600mm寬。因為要在600mm的寬度中放入椅子，所以椅子的大小為寬500或450mm。

> 三六板的側邊坐 3 人→ 1 人占 1,820mm÷3 ＝約 600mm 寬
> →椅子為 500 或 450mm 寬

圓椅的最小直徑為300mm左右，在這標準下，大多數人都可以坐得舒適。

> 最小的圓椅→ 300

∅ 是表示直徑的符號。也請記住「坐得下要 300 」

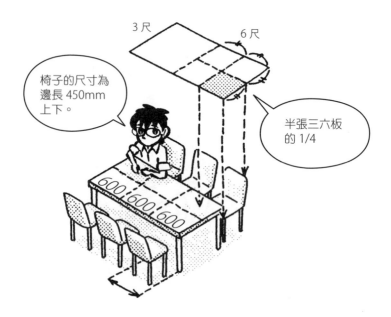

椅子的尺寸為邊長 450mm 上下。

3尺　　6尺

半張三六板的 1/4

600 600 600

1
尺寸

Q 廁所的最小尺寸為
▼
A 比三六板短一點點的空間。

三六板為910mm×1,820mm，這尺寸對廁所而言稍微大了一點。假設1間為1,800mm，廁所的寬為半間，深度為半間＋1/2半間＝1,350mm，這樣的空間就足夠了。

廁所的寬→半間
廁所的深度→半間＋1/2半間

若從牆芯（心）測量的尺寸為900mm×1,350mm的話，實際室內尺寸會因牆壁的厚度而更窄一點。這個實際尺寸稱為有效尺寸或淨尺寸。從壁芯（心）測量的尺寸在日文裡則稱為芯芯尺寸（心到心尺寸）。

從壁芯（心）測量的尺寸→芯芯尺寸、心到心尺寸
實際的尺寸→有效尺寸、淨尺寸

900mm×1,350mm的尺寸有可能是芯芯尺寸，也可能是淨尺寸。在實際設計時，幾乎都是使用芯芯尺寸。
900mm×1,800mm的廁所，若將門設置於長邊，洗臉台的位置如右下圖所示。若是從短邊進入，則沒有足夠空間設置洗手台，這時可在牆壁上設置嵌入式的小型洗臉台，但缺點是容易弄濕地板，所以也常會在馬桶水箱上加設小洗手台來解決問題。

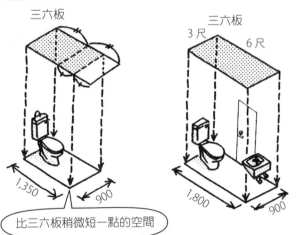

比三六板稍微短一點的空間

Q 一般浴室的尺寸為？

▼

A 兩張三六板，約1坪的大小

....

一般浴室的尺寸為1坪、邊長1間或1,800mm的正方形大小。也有比這個尺寸還大的浴室，但因為一般住宅的空間有限，大部分約為1坪大。如果有邊長1間的方形空間，可以設置長度夠長的浴缸，在裡面可把腳伸長。但如果浴缸太大，對老年人來說也比較危險，可能會發生滑倒、溺水等事故。

心到心尺寸為各邊長1間、1,800mm時，淨尺寸約為各邊長1,600m。合於此淨尺寸的整體衛浴（將浴缸和地板、牆壁做成一體的產品，prefabricated bath）稱為1616。在木造住宅中也愈來愈多使用整體衛浴，不用擔心水或溼氣會影響木造軸組，不容易傷及建築物本身。

記住1616是浴室的標準尺寸，在使用上很方便。小至1216，都可以做為家庭式浴室的尺寸。

請記住家庭式的尺寸為1616到1216。

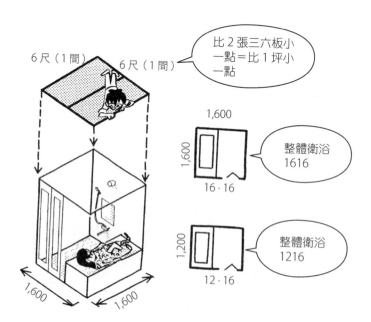

Q 放置洗臉台和洗衣機的洗衣間更衣室尺寸為？

▼

A 約1.5～2張三六板的大小，1,350mm×1,800mm～1,800mm×1,800mm。

首先，站立所需要的空間為半間或900mm寬，<u>而洗臉台的深度約為半間的一半，也就是寬450～500mm</u>，兩個相加後，深度為半間＋1/2半間，也就是1,350mm左右。整體的寬度則為1間，約1,800mm。

洗衣機的下方通常會有以樹脂製成的盆形底座來放置洗衣機，這是防止漏水滲入建築的設計，而洗衣機的底座有640mm×640mm、640mm×740mm、640mm×900mm等幾種尺寸。現在雙槽式的洗衣機已不常見，所以通常以640mm×740mm為主流尺寸。

　　　洗衣機的底座→640mm×740mm

洗衣機底座的深為640mm，比起深450、500mm的洗臉台會更凸出，但因為洗衣機本身比較小，只要安置在相對入口的另一側就沒問題。請記住<u>洗衣間更衣室需1.5～2張三六板大小</u>。

也有不將洗衣機放在洗衣間更衣室內，而改放在廚房附近的設計，這是統整家事空間的概念，家事動線也確實較合理，但在凡事講究自動化的現代，其實已無太多影響。

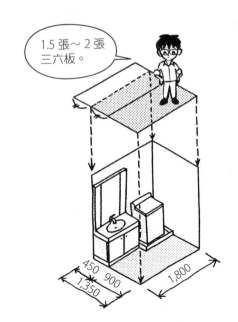

1.5 張～ 2 張
三六板。

450　900
1,350
1,800

Q 6個榻榻米（疊）約為多少 m²？

▼

A 約10m²。

....

6疊就如下圖，為邊長半間×3和半間×4的長方形。半間以910、909、900mm 的任一個數值來計算都會有一些差距，但計算出來的面積大約都為10m²。

<u>測量面積的方法基本上是牆壁的心到心尺寸</u>。用910、909、900mm 來計算看看：

$$（0.91×3）×（0.91×4）＝2.73×3.64＝9.9372m²$$
$$（0.909×3）×（0.909×4）＝2.727×3.636＝9.915372m²$$
$$（0.9×3）×（0.9×4）＝2.7×3.6＝9.72m²$$

由此可看出每個數值都接近 10 m²。

記住<u>6疊的大小就是10m²</u>。而2間6疊大小的房間就是20m²，3間的話就是30m²，非常容易記住。

附有廁所、浴室、放置洗衣機的空間和廚房的套房約為20m²，其中一半（6疊）的空間為房間，另一半（6疊）則為浴廁等水路系統和收納的空間，而最近這種套房的主流大小已變成25 m²左右。

<u>小套房的大小≒6疊大的房間＋6疊大的浴廁等水路系統和收納＝10m²＋10 m²＝20m²</u>

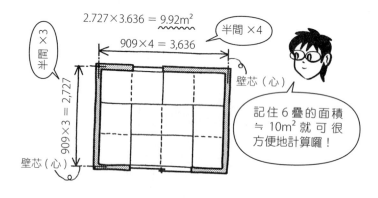

Q 1寸為多少mm？

▼

A 約1.5～2張三六板的大小，1,350mm×1,800mm～1,800mm×1,800mm。

1寸為30.3mm，約3cm，這是明治時代才訂定的，在此之前的1寸似乎比30.3mm小一點。在中國古代，「寸」指的是大姆指的寬度，而「尺」指的是手指張開時，大拇指到食指或中指的長度，尺的文字形狀就是大拇指和食指（中指）張開的樣子，因此，當時的1寸約為2cm，1尺則為20cm，為現代的寸、尺的2/3。

身高只有1寸的一寸法師，以碗為舟、筷為筏、針為刀。若1寸為大拇指的寬度，則他約為2cm高。

1寸約為3cm，更正確的是30.3mm，也把這個數值記住吧！在設計柱子尺寸等時候常常會用到。

> 1寸＝30.3mm
> 1尺＝10寸＝303mm
> 半間＝3尺＝909mm
> 1間＝6尺＝1,818mm

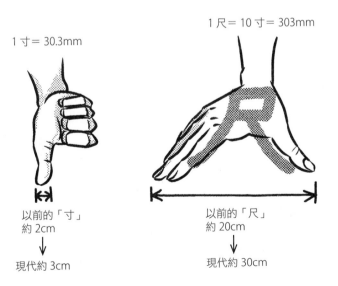

1尺＝10寸＝303mm

1寸＝30.3mm

以前的「寸」
約2cm
↓
現代約3cm

以前的「尺」
約20cm
↓
現代約30cm

Q 木造住宅中所使用的柱斷面尺寸為？

▼

A 3寸見方、3寸5分見方、4寸見方等。

神社、佛堂或古代民家會使用更粗的柱子，但現在一般的住宅大多使用3寸見方（90mm見方）、3寸5分見方（105mm見方）、4寸見方（120mm見方）的柱子，分別稱為3寸柱、3寸5分柱、4寸柱。1寸應為30.3mm，但在這邊取近似值30mm來計算。分是1/10的意思，也就是1/10寸，所以3寸5分就是3.5寸。

$$3寸 = 30mm \times 3 = 90mm$$
$$3.5寸 = 30mm \times 3.5 = 105mm$$
$$4寸 = 30mm \times 4 = 120mm$$

一般住宅通常使用105mm見方的柱子，而90mm見方的柱子雖然比較細，仍會使用在造價便宜的住宅中。120mm見方的柱子則通常做為通柱。通柱就是從1樓到最上層都由一整根柱子來支撐。上下樓層以一整根柱子支撐較為穩固，整個結構體更堅固。因為需要長的木材，必須使用粗壯的原木材，因此所需的費用也較高。

其他的柱子則稱為層間柱，分別為符合1樓、2樓高度的柱子，在層間柱的頂部會與橫材銜接。

故意在柱子的背面劈出裂縫，稱為劈裂，用來防止柱子因乾燥而收縮，在意料之外的地方產生裂縫。如果有劈裂，即便木材收縮，也只會加大既有的裂縫處。在含芯木材（含有木心）製成的柱子上絕對要有劈裂，而集成材不用擔心會有裂縫，故不用施作劈裂。

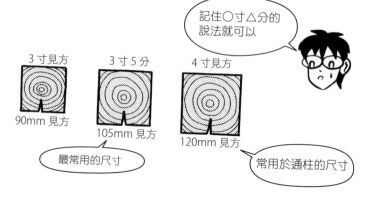

記住○寸△分的說法就可以

3寸見方 3寸5分 4寸見方
90mm見方 105mm見方 120mm見方

最常用的尺寸

常用於通柱的尺寸

Q 1英寸為多少mm？

▼

A 25.4mm。

英寸的起源和寸相同，都是大拇指的寬度。現今，寸為30.3mm，而實際上大姆指的寬度和英寸的25.4mm較相近。

12英寸為1英尺，英尺的起源則是腳底板的長度。腳的英文是foot，而複數形則為feet。以前也有10英寸為1英尺的用法，但現在統一為12英寸。

> 1英寸＝25.4mm
> 1英尺＝12英寸＝304.8mm

記住1英寸＝25.4mm吧！因為如2×4等，有許多使用英寸來稱呼斷面尺寸的木材。

螢幕的尺寸也常使用英寸來表示，17吋的螢幕就表示畫面的對角線長為17英寸＝17×25.4＝431.8mm。

有時也會以′來表示英尺、以″來表示英寸。1′2″即是1英尺2英寸。

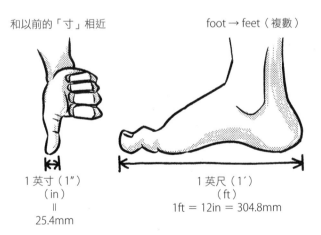

和以前的「寸」相近

1英寸（1″）
（in）
‖
25.4mm

foot → feet（複數）

1英尺（1′）
（ft）
1ft＝12in＝304.8mm

Q 什麼是two-by-four？

▼

A 2英寸×4英寸的角材。

....

 2×4工法是使用以下各種尺寸的角材和合板做出框架再組裝而成的工法。

two-by-four（2英寸×4英寸2″×4″）
two-by-six（2英寸×6英寸2″×6″）
two-by-eight（2英寸×8英寸2″×8″）
two-by-ten（2英寸×10英寸2″×10″）

也稱為木造框組式工法。最常使用的是two-by-four的角材，所以也稱為2×4工法。用〇×△表示寬×高，英語的説法就是〇by△，所以two-by-four就是指2×4的大小。

這個工法是從英國的構架（frame）工法開始發展出來的。傳到美國後，在19世紀後半葉的芝加哥，以balloon工法的名稱被開發出來。因為是組合以角材組成的框架、釘上木板而成的鑲板的簡單工法，所以不需要熟練的工匠。當初因為命名成像「氣球膨起」之工法而被看輕，後則因其強度、辦法合理且經濟而迅速在全球普及。

從美國傳到日本後，則以2×4工法的名稱普及。雖然2×4工法被視為是國外來的優良工法，説穿了就是不需要專業工匠技術的工法。

現在，梁柱構架式工法（日：在來工法）和框組式工法（2×4工法）這兩大工法，在木造建築的領域中各據一方，各有其優缺點，梁柱構架式工法也導入了框組式工法的長處。

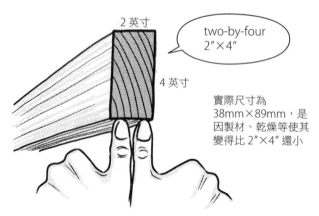

2英寸

two-by-four
2″×4″

4英寸

實際尺寸為
38mm×89mm，是
因製材、乾燥等使其
變得比 2″×4″ 還小

Q 圖面上的尺寸用公釐（mm）來表示的時候，為什麼每3個數字要加上1個逗號呢？

▼

A 這樣一來，就可以很容易換算成公尺（m）。

3,600mm 是 3m 與 600mm、12,900mm 是 12m 接 900mm，如果加上逗號，就可以馬上知道是幾公尺。若不加逗號也可以，但加上後會變得容易掌握，清楚明瞭的標示，也有助於減少看錯設計圖的情形。

每3個數字加上1個逗號，在表示金錢的時候也常常被使用。¥1,000 是1000日圓，¥1,000,000 是 100 萬日圓，特別在有很多0的百萬單位時，可以馬上知道是多少，非常容易判讀！

在英語的計數原則裡，每3位數字加上1個逗號是很合理的，因數詞單位每3個位數就會改變，1,000 是 thousand（千）、1,000,000 是 million（百萬）、1,000,000,000 是 billion（十億）。而介於其中的數字則以其倍數表示，如：10,000（一萬）是 ten thousand、100,000（十萬）是 a hundred thousand，在有逗號的地方分開唸就可以。

而在日文（中文）中，萬是千的十倍，下個單位「億」則是萬的一萬倍，萬和億之間就沒有其他的數詞單位了。

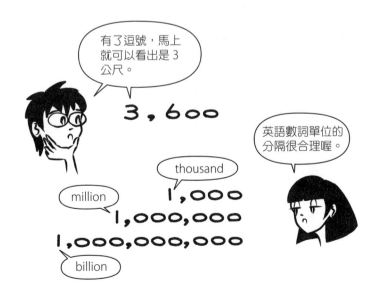

有了逗號，馬上就可以看出是3公尺。

3,600

英語數詞單位的分隔很合理喔。

thousand

million 1,000

1,000,000

1,000,000,000

billion

Q 餐桌、辦公桌等桌子的高度為？

▼

A 約700mm。

前面的單元已經介紹了許多基本的大小、長度與寬度尺寸，接下來要介紹的是基本高度。桌子的高度約700mm，現在測量看看你身旁的桌子的高度就會知道，大多都是69、70、71、72cm等，也就是70cm左右。

記住桌子的高度約為700mm。不僅是記住這個數字，試著站在桌子旁邊，觀察一下這個高度大概到你自己身體的哪個部位吧！

是及腰？或是到屁股的位置？把大概的位置記起來，記住和自己身體尺寸的關係。把這個當作一個基準，就可以用來估算物體的高度。

Q 吃飯或工作用的椅子，其座面高度為？

▼

A 約400mm。

....

座面就如字面的意思一樣，是坐著的那個面。座面的高度約為400mm（40cm）。每個人適合的高度會有所不同，但最適合的尺寸會是在400mm左右，將其當作概略的尺寸，就記住是400mm吧！

> 椅子的高度→約 400mm
> 桌子的高度→約 700mm

馬桶的座位高度也設定為適合坐下的高度，約為350～450mm。床大多也是可以坐著的，所以床的高度在300～500mm左右。輪椅是椅子的高度＋輪子所以略大於400mm。浴缸邊緣的高度也是約400mm。從輪椅移到床、浴缸時，高度能一致會比較方便。

> 馬桶、床的高度→略大於或小於 400mm

在任何地方，如果有400mm左右的高度差，人就可以坐下。在大客廳裡，若設置有3或4疊左右的小榻榻米空間、抬升的空間時，會將該處地板抬升約300～400mm，因為這樣就可以讓人坐在其上。（最近因無障礙設計、方便使用掃地機器人等原因，即便是和式空間也傾向設計成跟其他部分等高）

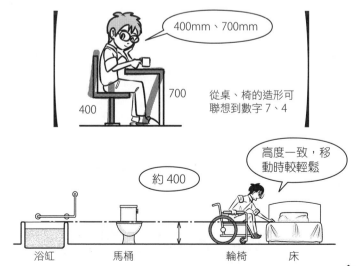

從桌、椅的造形可聯想到數字 7、4

Q 從座面到桌面的高度為？

▼

A 約300mm。

從座面到桌面的高度稱為差尺。差尺約為300mm＝約30cm＝約1尺。如果記得桌子的高度是700mm，座面高是400mm的話，相減就可以知道差尺為300mm。

400mm（座面高）＋300mm（差尺）＝700mm（桌面高）

記住這個計算式吧！下個章節也會出現，是非常重要的尺寸。

桌面（日：甲板）是指桌子的面板，在日文裡，甲板若讀成「kanpan」或「kouhan」，指的是船的甲板（deck）。但甲板同時也可以指桌面（tabletop）。

雖然說差尺約300mm，但實際上最適合的差尺是因人而異的。一般來說，可用以下公式推算：

最適合的差尺＝（身高×0.55÷3）－20 或是（座面高÷3）－20

但請注意並非公式推算出來的就是最適合的，也會因為每個人的感覺不同而有所差異。另外在吃飯或讀書、打鍵盤等情形下，所對應的差尺也會有所不同。

如果椅子可以調整座面高就會方便許多，但這種功能通常僅見於辦公用椅。

是及腰？或是到屁股的位置？把大概的位置記起來，記住和自己身體尺寸的關係。把這個當作一個基準，就可以用來估算物體的高度。

Q 1. 高 900mm 的吧台，椅子的座面高和踏腳處的高度為？
　　2. 高 1,000mm 的吧台，椅子的座面高和踏腳處的高度為？

▼

A 1. 椅子的座面高＝900mm－300mm（差尺）＝600mm
　　 踩腳的高度＝600mm－400mm（一般的椅子座面高）＝200mm
　　2. 椅子的座面高＝1,000mm－300mm（差尺）＝700mm
　　 踩腳的高度＝700mm－400mm（一般的椅子座面高）＝300mm

....

吧台因設計成可站著用餐，所以比一般桌子還高，也有為了把廚房的流理
台藏起來而加高的情況。吧台的高度一般為 900 或 1,000mm 左右。

為了讓人在吧台前可以坐著，椅子的座面也必須要加高。300mm 的差尺
是依照人體工學的尺寸推算出來的，所以在吧台差尺不變的狀況下，我們
便可以用吧台高度減掉差尺的 300mm 來求出座面高。

椅子的座面高變高之後，如果沒有踏腳處，雙腳就只能騰空。所以在座面
下 400mm 的地方設置踏腳處，讓雙腳可以自然擺放，通常以不鏽鋼或鋼
管加上一塊板子製成。踏腳處可能是設置於地上，或是附設在椅子下方。
桌面到踩腳的高度＝300mm（差尺）＋400mm（座面高）是不會變的。
700 ＝ 300 ＋ 400，無論桌子或吧台都是一樣的。

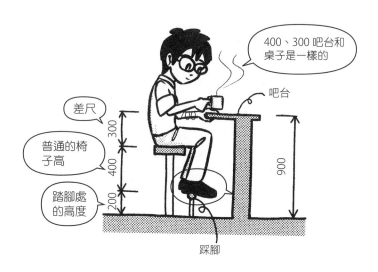

Q 放置於榻榻米上的短腳桌高度為？

▼

A 350mm 左右。

....

🔲 如果從桌面到椅子的高度＝差尺＝300mm 的話，即使是榻榻米上的短腳桌，理論上也應該可以坐。但使用椅子的時候，會有放腳的地方，而坐在矮腳桌前不是正座就是盤腿坐，不得不把腳彎曲。這一個部分的高度也要計算進來。

因為一般人習慣坐在高 20～50mm 的座墊上，所以也要考慮這個部分的高度。因此，短腳桌的高度以 350～370mm 為最適合的高度。

　　　短腳桌的高度＝差尺＋α＝350mm 左右

比 300mm 的差尺還要高一點喔！

差尺＋α

350

正坐的時候，

膝蓋會變得較高

Q 洗臉台的高度為?

▼

A 比餐桌稍微高一點,略高於或低於750mm。

....

 比餐桌稍微高一點,720～760mm左右,深度則通常為450～550mm左右。請記得高度是750mm±α,深度是500mm±α。

洗臉台→高度＝750mm±α　　深度＝500mm±α

如果洗臉台的高度和餐桌一樣為700mm,會顯得有點低。如果廚房流理台的高度800或850mm(見R031),則又會太高。因此,介於餐桌和流理台間的750mm左右為最適當的洗臉台高度。

如果是設計住宅的時候,建議配合身高較矮的人來規畫洗臉台。因為身高較高的人可以彎腰配合這個高度,但若根據身高較高的人來設計高度,身高較矮的人則很難使用。

洗臉台比身高高的時候,水會從手臂流下來。最適宜的洗臉台高度就是讓使用者在洗臉的時候,水不會沿著手臂滴到地上,或是跑進袖子裡。

使用輪椅的情形,必須要讓洗臉台下方有空間,讓使用者的膝蓋不會撞到,並且要讓使用者能夠碰到水龍頭。洗臉台的高度約是700mm,現在也有開發出可以調整高度的洗臉台。

比餐桌的高度高一點

750mm±α

Q <u>廚房流理台的高度為？</u>

▼

A 略高於或低於850mm。

 廚房流理台是站著工作的，所以深受身高影響。製造商一般認為身高÷2＋50mm 為最適合的高度。

若是現成品，多為800、850、900mm 左右，範圍幾乎都是在800～900mm 之間的高度，到展示間確認是較不會出錯的方法。若覺得800mm 仍然太高，可以去除下方木製的台子（稱為踢腳板，日文為台輪的部分）。在施工現場拜託木工師傅，很容易就可以除去台子。

深度則為略大於或小於650mm，大多為650mm，另外也有600、750mm等尺寸。如果深度有750mm 的話，瓦斯爐前方就可以留設放置鍋子的空間，使用時很方便。如果廚房空間的寬度不夠大，可以試著改變流理台的深度來變通。

廚房流理台→高度＝ 850mm±α 深度＝ 650mm±α

廚房流理台的板面和桌面一樣，稱為流理台面。因為是在其上工作，所以也稱為<u>工作台</u>，多是不鏽鋼製，樣式則有髮絲紋（像頭髮一樣的紋路）、壓紋（凹凸紋路）等，也有人造大理石的選擇。

流理台的後方有高<u>100mm 左右</u>的擋水設計，這樣水就不會流到流理台和牆壁間的空隙裡！

Q 何謂梁柱構架式工法？

▼

A 組合柱子、梁等支撐軸和桿件的工法。

....

在日本悠久傳統中演變成熟的工法，這個軸組的方法需要專業的技術，稱為軸組工法或在來軸組工法。
軸主要指的就是桿件，可以把它當成以組裝桿件來建造的方法。

<u>梁柱構架式工法→用組裝桿件來建造</u>

用組裝桿件來建造的是梁柱構架式工法。

· 歐洲的木造建築也幾乎都是用組合梁柱來建造。如果人類是看到生長在山裡的樹木，思考要用這些樹木來蓋房子的話，那豎立柱子、架設梁就是再自然不過的了。2×4工法（框組式工法）這種組合細長木條補強的板來建造的方法，是在製材技術進步與釘子開始量產的19世紀以後。
除此之外，一般常誤會歐洲建築是以石、磚造為主流，但即便是羅馬、巴黎、倫敦等地，在遭逢大火之前也都是木造城市。

Q 何謂2×4工法？

▼

A 將用角材和合板組成的鑲板組合起來的工法。

....

是指組成鑲板的一種角材尺寸。因為此工法經常使用2英寸×4英寸（正確尺寸會小一點點）的角材，因而得名。

2×4工法也稱為<u>木造框組式工法</u>，因為它是先用被稱作框的角材做成框架，再釘上合板成為鑲板的關係。有在施工現場製造鑲板，也有在工廠先製作鑲板，再到施工現場組裝等不同的作法。

鑲板是一種面，所以2×4工法用一句話來解釋就是：用組裝面來建造的工法。

　　　<u>梁柱構架式工法→用桿件來組裝</u>
　　　<u>2×4工法→用面來組裝</u>

用面來組裝的是 2×4。

・ 要追求最低成本來建造，那單純的箱狀加上三角屋頂的 2×4 工法是最佳選擇。梁柱構架式工法的成本是以預製組件 > 滑移插銷工法這個順序逐步增加。

Q 用4根筷子和橡皮筋做成一個四邊形，在橫向上施力的話，會變成平行四邊形，如何再加上一根筷子使該四邊形不會變形呢？

▼

A 像下圖一樣組成三角形。

....

若形成三角形的話，不管從哪邊施力，四邊形的形狀都不會改變。另外一個方向的三角形也是一樣，且若再加上一根筷子，組成一個 × 的形狀，這個四邊形就會變得更堅固。

在木造建築的梁柱構架式工法中，很多時候都會利用這個三角形的結構。柱子或梁在接合的地方沒有讓它們保持直角的力，因而加上稱為斜撐的斜向木材，組成三角形做為補強。

在把梁嵌入巨大柱子的宗教建築或一些大型的民房（以前的農家）中，不需要加上斜向木材也能保持直角。在現在以梁柱構架式工法建造的木造建築中，因為成本關係而使用較細的木材來建造，所以必須在各處加上三角形的結構。

不需要用到三角形結構的結構體，通常是鋼筋混凝土建築（RC造）或鋼骨結構建築（S造），而這種結構方式稱為框架結構（rahmen structure）。

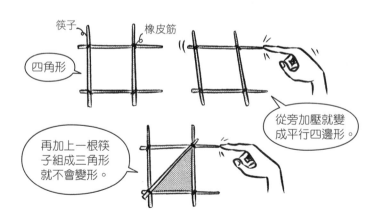

筷子　　　　橡皮筋

四角形

再加上一根筷子組成三角形就不會變形。

從旁加壓就變成平行四邊形。

Q 如何用厚紙板、膠帶和剪刀讓前一單元做好的四邊形不會變形成平行四邊形呢？

▼

A 如左下圖，用厚紙板來固定四邊形的面。

....

用厚紙版把整個四邊形固定住，從橫向施力就不會變形成平行四邊形，若是像右下圖一樣，只用厚紙板固定一部分，也可以使四邊形維持不變。
用整個面來固定形狀、防止變形就和2×4工法一樣。用角材組成框架，再釘上合板，使整個面板更堅固而不會變形成平行四邊形。

　　　梁柱構架式工法→用角材組成三角形
　　　2×4工法→用合板使整個面更堅固

梁柱構架式工法中也有在柱子和柱子之間鋪上合板，使牆面更堅固的方法。以斜撐打造三角形構造來補強，若斜撐和柱子沒有固定，大地震時就可能會脫落。在合板上釘釘子，牆面就會牢固，比起加上斜向木材的強度還高。相反的，在2×4工法裡也有在牆壁中加上斜撐來補強的方式。

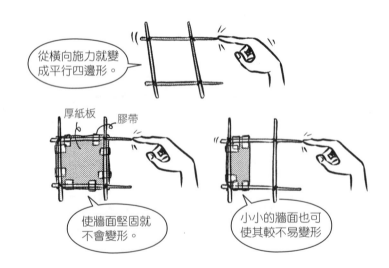

・為固定牆面而釘上的合版是使用結構用合板、MDF（Medium Density Fiberboard：中密度纖維板）等，MDF較便宜。

Q 何謂斜撐？

▼

A 梁柱構架式工法裡，在牆壁中加入的斜向木材，用以組成三角形，抵抗地震或風的水平力。

以斷面為柱子一半或三分之一左右的角材，在柱子與柱子之間斜向裝設，用像下圖稱為斜撐鐵板的金屬扣件來固定。金屬扣件以螺栓和釘子固定，使其不容易脫落。

下面的例子是斜撐抵抗外來壓力（抵抗壓縮）的情形（圖中的箭號表示斜撐抵抗的力）。相反地，這也可以抵抗張力，為了抵抗張力，絕對要用金屬扣件牢牢地把整個結構固定住；如果沒有固定好，因而脫落就會失去作用。發生大地震時會因地震張力鬆脫，使得牆壁變形為平行四邊形。

也有在相反的方向上也架設斜撐，形成 × 的對角線交叉方式，牆壁就會更堅固，更不容易毀壞。斜撐以對角線交叉的時候，每一根都必須是完整的木材，不能是搭接的，否則就會失去抵抗力的功用。

2
工法

斜撐鐵板

斜撐

即使施力，三角形也不為所動。

斜撐鐵板

Q 何謂水平角撐？

▼

A 梁柱構架式工法裡，在地板中加入的斜向木材，做成如下圖的三角形來保
持水平面的直角。

⬛ 水平角撐是為了維持水平面的直角而加入的角材。即使沒有地震發生，地
板仍有可能扭曲變形，所以水平角撐是維持水平面直角的重要構材。設置
在地檻的水平角撐稱為角撐地檻，而設置在 2 樓地板或天花板的則稱為水
平角撐。通常為 90mm 見方的角材，使用螺栓把水平角撐和水平材牢牢地
固定，原理和斜撐一樣，斜撐主要是用來抵抗地震或強風等造成的水平
力，而水平角撐則是用來防止地板扭曲變形。組成三角形，使牆面／地面
更為堅固，面這種不易變形的強度稱為面剛性，不管是水平面或垂直面都
不可缺少面剛性。

　　斜撐→使牆壁更堅固
　　水平角撐→使地板更堅固

最近的無地板格柵工法（請參照 R148、R174），則連地板也是以釘上合版
固定。

這是用來固定地
板的直角。

水平角撐

Q 在2×4工法裡，牆壁和地板的面剛性是如何創造的？

▼

A 以釘上合板的方式創造。

只用角材做出來的四邊形框架，很容易變形為平行四邊形，2×4工法和梁柱構架式工法一樣，也會使用斜撐，但主要還是以合板為主。用合板把整個面固定住，使其不會變形，以維持直角。

2×4 →以釘上合板的方式來創造面剛性

牆壁和地板都一樣，都是釘上合板，牆壁是由稱為縱框、下框、上框的角材組成的框架，然後在其外側釘上合板，這樣一來，即使從橫向施力也不會變形成平行四邊形。

地板則是在地板格柵（也是梁柱構架式工法裡面的梁）上直接釘上合板，來維持地板的形狀不扭曲變形，將面剛性變強的地板搭建在1樓牆壁的鑲板上，然後再於其上搭建2樓牆壁的鑲板，重點就在於組合牆壁和地板這樣的面。

先建立壁板→架設地上的地板→再於上層放置上層樓的壁板

牆和地板都用合板固定住了！

縱框

合板

合板

地板格柵之下釘上天花板。

地板格柵

不浪費空間而使層高可較矮，但隔音不好。

Q 如何使用書和筷子，將書半開做成像山一樣的形狀？（可把筷子折短）

▼

A 如下圖，把筷子分成較短的兩根，使其立著，再於其上放置半開的書本。

▪ 這是用桿件來支撐屋頂的建造方式。像山一樣形狀的屋頂稱為山形屋頂或人字屋頂（日：切妻、切妻屋根）。筷子所支撐住的山脊線稱為屋脊，也就是指書背部分。

小屋頂在屋頂兩端用桿件支撐住就足夠，如果是大屋頂的話，在中間也需要桿件支撐。這個支撐屋頂的桿件稱為短柱或是屋架柱，屋架則是指屋頂的軸組。

用木製桿件支撐屋頂的方式稱為和式屋架，在梁柱構架式工法裡主要都是以和式屋架的方式來建造屋頂的。

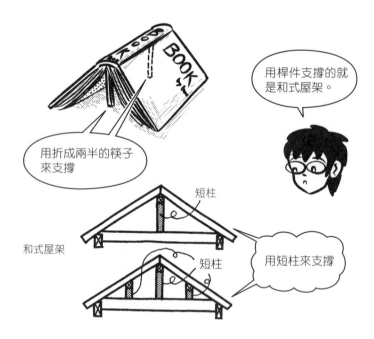

用桿件支撐的就是和式屋架。

用折成兩半的筷子來支撐

和式屋架

短柱

短柱

用短柱來支撐

Q 如何使用書和線將書本做成半開的山形呢？

▼

A 如下圖，用線環繞書本後打結綁住，再將書打開至最大幅度即可。

....

基本上在2×4工法裡都是用這個方法來建造屋頂的，而組成三角形來建造屋架組（屋頂的軸組）的方法就叫作洋式屋架。

簡單的洋式屋架就是一個三角形，若是大屋頂，就會使用數個三角形來組合。用三角形組合而成的結構體稱為桁架（truss）。

在日本傳統的建築物中，會在牆壁裡設置斜撐做成三角形，但在屋頂並不會採用這樣的結構。明治時期，才開始在一部分的校舍或倉庫等大型建築物上使用洋式屋架，卻未普及到住宅建築上。即使是現代，梁柱構架式工法還是以和式屋架為主流。

在和式屋架裡，會為了不使短柱（屋架柱）傾倒而釘入斜向的薄角材，但是斜向木材有違日本人的美學，所以盡量不用此法建造。古建築中，除了門等附屬建物外，也看不到採用斜撐的建築。現代的木造建築物中，常會把木造軸組藏在牆壁裡或天花板裡，應該是從2×4工法那種合理的建造方式裡學習到的方法。

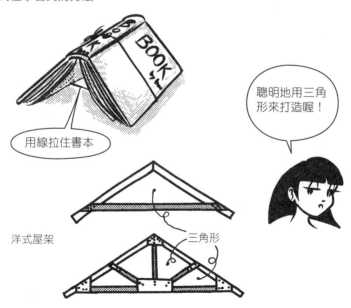

用線拉住書本

洋式屋架

三角形

聰明地用三角形來打造喔！

Q 為什麼和式屋架的橫材（屋架梁）很粗？

▼

A 屋架梁必須承受短柱所傳下來的力造成的彎矩，如果太細會很容易折斷，所以需使用粗的木材。

....

🔷 和式屋架的水平材稱為<u>梁</u>或<u>屋架梁</u>。雖然承受重力的橫材就稱為梁，但還有依使用方法分為：架設在屋頂的屋架組的梁，稱為屋架梁；在2樓或3樓的地板組架設的梁則為地板梁，但都可用梁來統稱。

到木造建築的施工現場看，會明顯感覺到屋架梁特別粗，那是因為它要承受所有來自上方的力量，因為不是分散重量而是集中於梁上的結構，因而必須使用粗大強壯的木材來建造。為使其不容易彎曲，在垂直方向使用較粗的木材。

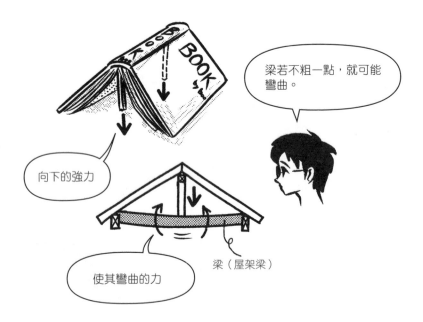

向下的強力

使其彎曲的力

梁若不粗一點，就可能彎曲。

梁（屋架梁）

Q 彎曲塑膠尺時，橫向或縱向哪一個方向較不容易彎曲？

▼

A 如下圖，縱向較不容易被彎曲。

....

直覺應該就可以猜到，而實際嘗試後就更能了解其中的差異。若沿著彎曲方向，斷面高度較高會較難彎曲，梁亦是如此，重量若由上而來，就會在垂直方向產生使其彎曲的力。這個力稱為彎矩、彎曲應力。

要對抗這個彎曲應力，應將梁以縱向配置，梁的上方是抵抗壓力，下方則是抵抗張力，這個縱向上的高度差愈大，要變形的量就增加，抵抗能力就愈大。

如果是橫向放置的話，就是故意要讓它彎曲的配置。梁的高度與天花板高度有關，在設計上是重要關鍵。

所以梁要縱向配置，這在木造建築、鋼骨結構建築和鋼筋混凝土建築上都是一樣的。

梁→為使其不易彎曲，而以縱向配置

Q 在2×4工法裡，為什麼屋架組的橫材比梁柱構架式工法的橫材細？

▼

A 為了讓其只有張力、避免直接承受上方重量，及為了在小間距中置入主要的結構材料。

． ．

梁柱構架式工法中的梁是透過短柱承受來自上方的重量，2×4工法的橫材則只承受張力。為了不使山形屋頂橫向張開，而使用橫材來拉住它。這個橫材在2×4工法中稱為天花板托梁，是三角形結構的張力材。

例如斜向支撐屋頂的梁這類的材料，在2×4工法裡稱為椽木。梁柱構架式工法中的椽木為45mm見方的桿件，但在2×4工法裡為了以椽木傳遞重量，而用40mm×200mm左右的硬木材。同時發揮梁柱構架式工法裡的梁和椽木兩者的功用。

椽木和天花板托梁所組成的三角形以455mm的間距並排，也就是將平板狀木材組成的三角形緊密地並排在一起，並在其上釘上合板，使整體成為一個有強度的結構體。

另一方面，在梁柱構架式工法中是以約1間的間隔設置柱子或梁等大型材料，將重量集中在此。

梁柱構架式工法→以1間為間隔的大型材料來創造強度
2×4工法→在455mm（1/2半間）的間隔中設置細小的構材，讓整體具有強度

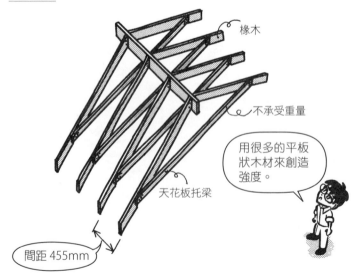

椽木

不承受重量

用很多的平板狀木材來創造強度。

天花板托梁

間距455mm

Q 梁柱構架式工法中，2樓地板的地板格柵和梁的上層面等高嗎？

▼

A 高度不同。

因為在梁的上方架設地板格柵，所以地板格柵的上層面會比梁高一點。

梁柱構架式工法中，一般的軸組方式為<u>在垂直相交組合時，將地板格柵架在上方</u>。即便是以挖缺口的方式搭接，上層面也大多不是在同一個平面，通常都是架於上方後再釘上釘子。

地板格柵是用來支撐地板的細桿件，這個地板格柵以303mm的間距並排，在其上鋪上木板再釘上釘子，而在並排的地板格柵下方支承就是梁。因為是使用在地板結構中的梁，所以也稱為地板梁。梁是以間距1間（1,820mm）來架設。

<u>地板→地板的格柵（間距303mm）→梁（間距1間）</u>

地板是釘在地板格柵上，而無法釘在梁上，因為梁的上層面比地板格柵的上層面還要低一點，<u>因此無法以釘上木板來創造面剛性</u>。在主要結構材的梁上，不可以直接釘上木板，所以會另外<u>以釘上水平角撐的方式來保持地板的直角</u>。無地板格柵工法（請參照R148、R174）改善了這個缺點，只以板來創造面剛性。

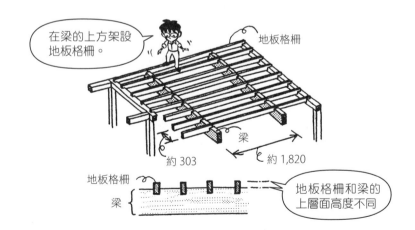

在梁的上方架設地板格柵。

地板格柵

約303

梁

約1,820

地板格柵

梁

地板格柵和梁的上層面高度不同

2

工法

Q 在2×4工法裡，地板格柵與梁的上層面等高嗎？

▼

A 等高。

在2×4工法裡，地板格柵是粗大的木材，同時也兼作梁使用，並以1/2半間（455mm）的間距排列，是單以一種地板格柵就可支撐地板的構造。在這個水平排列（地板格柵、梁）的材料上方釘上合板，用合板來固定水平面，防止地板變形為平行四邊形或避免地板格柵移位。因為梁和地板格柵的上層面等高，所以可以釘上合板來創造面剛性。

地板鋪上合板後，再於其上豎立壁板，這是以地板為平台，在其上建立牆壁的框架工法，所以也稱為平台式構架工法（platform frame）。

2×4工法的地板，就像鋼筋混凝土造的加勁板、使用在鋼骨結構的鋼承板（deck plate）一樣，是種並排細梁的單純結構，和梁柱構架式工法不一樣，而在現代的梁柱構架式工法中也採用這樣子的地板結構。建築師經常喜歡在牆壁使用梁柱構架式工法，而在地板或屋頂上使用2×4工法。

因為上層面是平坦的，所以直接釘上合板！

地板格柵

梁

455

地板格柵

地板格柵和梁的上層面是一致的

牆壁上架設兩塊與地板格柵同樣的木材

牆

Q 在梁柱構架式工法裡，地板格柵和梁、梁和橫架材要如何固定呢？

▼

A 如下圖，以架於上方的方式來固定。

將垂直交叉的材料組合固定的方法稱為<u>橫向接合</u>，梁柱構架式工法裡的橫向接合是以搭在上方的方式來固定，並在<u>互相接合的材料上挖洞，使其能相互嵌住並固定</u>。

因為是以搭在上方的方式來固定，所以兩個相互接合的構材高度會不一樣，在上方和下方的材料其上層面的位置是不同的，所以無法在兩個材料上面釘上同樣一塊板子，使其能保持直角。

地板格柵是在地板下方並排的角材，梁是承受地板格柵等重量的較大的橫材，<u>橫架材</u>則是架在牆壁上的橫材，將垂直交叉的木材互搭固定，這就是梁柱構架式工法的重點。

地板格柵→架在梁上
梁→架在橫架材上

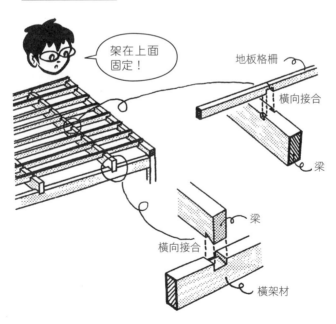

架在上面固定！

地板格柵

橫向接合

梁

梁

橫向接合

橫架材

2

工法

• 梁柱構架式工法中，也在橫向接合上運用巧思，增加使用金屬扣件等來讓上層面保持等高的作法。

Q 在2×4工法裡，地板格柵和橫材是如何固定的？

▼

A 如下圖，使用金屬扣件使上層面能平整地固定住。

2×4工法其中一個特徵是將地板格柵、梁的上層面做成平整的面。而在梁柱構架式工法中，木造的橫向接合是採架在上方的固定方式，所以兩者高度無法一致。

在2×4工法裡，地板材料的上層面全都是平整的，地板格柵和梁的上層面是同一個平面，並在整個地板的結構材料上釘上合板，以釘合板的方式來確保地板的面剛性。

在梁柱構架式工法裡釘合板，因為地板格柵、梁、橫架材的高度都不同，所以只有地板格柵可釘合板，這樣較無法保持其面剛性，所以需要釘上水平角撐。

> 梁柱構架式工法→地板結構材料的上層面不一致→用水平角撐來建立面剛性
> 2×4工法→地板結構材料的上層面是一致的→以釘合板的方式建立面剛性

梁柱構架式工法的橫向接合是工匠展現專業技巧的舞台，因此如何漂亮地將構材搭接起來，這可是賭上了每位工匠的自尊呢！而只用金屬扣件和釘子讓構材形成同一平面的2×4工法，是不受專業木匠歡迎的簡單橫向接合技法，也導致此種地板組合方法在日本很難普及。但是從結構上來說，地板格柵、梁、橫架材的上層面等高，再用板來固定，毫無疑問會堅固許多！

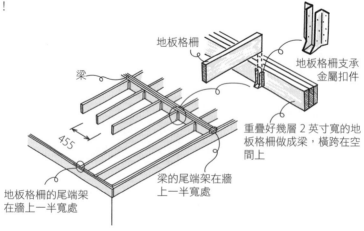

地板格柵

地板格柵支承
金屬扣件

梁

重疊好幾層 2 英寸寬的地板格柵做成梁，橫跨在空間上

455

梁的尾端架在牆上一半寬處

地板格柵的尾端架在牆上一半寬處

Q 為什麼木造建築的基礎是使用鋼筋混凝土呢？

▼

A 因為混凝土不會腐爛，而且底面較大，可以用來分散重量。

 木材在濕氣重的地方會腐爛，如下圖的筷子架構，插入土裡的建造方式最後都會因腐爛而倒塌。在筷子上塗上再多的塗料，或是將表面燒成炭化，也不會有太大的幫助。另外從上方施力的話，因為接觸面較小，所以會漸漸往土裡沉陷，像這樣子將柱子直接埋入土裡的方法，稱為掘立柱，現在只有臨時性的建築物或傳統神社建築才會使用這個方法。

將筷子的架構放在石頭上，就能持久不下沉。甚至石頭底面只要夠大，從上方施力也幾乎不會往下沉，這種在石頭上設置柱子的基礎，在古代民家有時候也看得到。

另外，混凝土不會腐爛，雖然鋼會生鏽，但把鋼筋埋入混凝土中就不會生鏽，鋼筋混凝土的強度高，可以完全承受住建築物的重量，是最適合拿來做為基礎的結構。

梁柱構架式工法或2×4工法的基礎一定都是由鋼筋混凝土來建造的，以前也有以無筋混凝土（沒有配置鋼筋）來建造的基礎，即使如此還是有不錯的強度，現在在混凝土中一定會放入鋼筋做為補強。接觸土、水等部分的結構物則是人工石材＝混凝土一枝獨秀（請參照R073）。

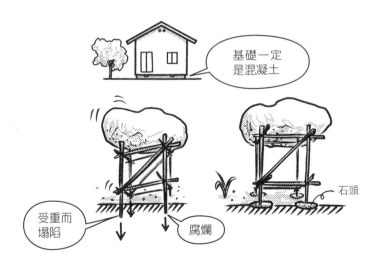

Q 在梁柱構架式工法中，外裝工程前大致的施工順序為？

▼

A ① 建立基礎。

② 將主要結構桿件（柱、梁等）一氣呵成組合起來（上梁）。

③ 裝上輔助用的結構材桿件（斜撐、水平角撐、地板格柵、椽木等）。

④ 設置屋頂或地板的鋪底板、屋頂材、鋁框、外裝材、玻璃等。

・・

首先，用鋼筋混凝土來建造基礎（①），再將橫向接合處等以預切完成的柱子、梁等桿件，以卡車運送到施工現場，一氣呵成完成上梁（②），屋脊就是屋頂頂端的橫材，如果是小型住宅的話，一天就可以完成上梁。

為使組裝好的柱子、梁等桿件不會變形為平行四邊形，先用細長木板做成三角形臨時固定，接下來為了讓完成上梁後的結構體不會崩壞，將斜撐和水平角撐釘緊（③），整個結構組裝完成後，就可以裝設補強結構用的地板格柵、椽木等小型桿件。

和桿件有關的步驟結束後，接下來就是板了。釘上屋頂的鋪底板（屋頂襯板），並鋪蓋屋頂材，早點鋪設屋頂材是重點，只要結構材或室內不會受到下雨的影響，工程進行時就會比較輕鬆，因此，有時在地板等輔助用結構材裝設前會先鋪設屋頂（④），在梁柱構架式工法裡，上梁的意思就是一鼓作氣組裝到屋頂，之後才裝設輔助用的結構材、板材和進行外裝工程，順序是從桿件開始再到板。

<u>將結構材一鼓作氣組裝完成（上梁）→裝設輔助用結構材→鋪設板材等其他部分</u>

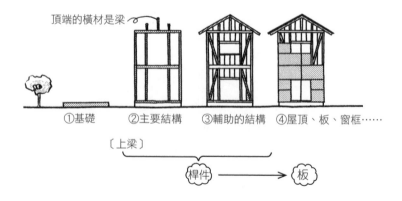

頂端的橫材是梁

①基礎　②主要結構　③輔助的結構　④屋頂、板、窗框……

〔上梁〕

桿件 ⟶ 板

Q 在2×4工法裡，外裝工程前大致的施工順序為？

▼

A ①建立基礎。

②組裝1樓地板。

③在1樓地板上組裝1樓的壁板（將1樓的壁板立起固定住）。

④組裝2樓地板。

⑤在2樓地板上組裝2樓的壁板（將2樓的壁板立起固定住）。

⑥組裝屋頂。

⑦安裝屋頂材、外裝材、窗框、玻璃等。

2

工法

2×4工法是依地板→牆壁→地板→牆壁→屋頂，從下方往上堆疊組裝而成的，每一個鑲板都是由平板狀桿件和板組成，壁板是在地板上組裝，使其直立起來後，將兩者牢牢固定在一起。

　　　地板→立起壁板→地板→立起壁板→屋頂→最後加工

壁板也可於施工前在工廠製造，再用卡車運到施工現場，用吊車吊起降下放置，安裝好地板後，接著安裝壁板。因可事先在工廠製作桿件加板的鑲板，而使2×4工法可縮短工期。

　　　梁柱構架式工法：組裝桿件→安裝板
　　　2×4工法：由鑲板（桿件＋板）往上層疊

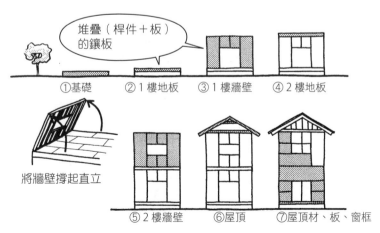

堆疊（桿件＋板）的鑲板

①基礎　　②1樓地板　　③1樓牆壁　　④2樓地板

將牆壁撐起直立

⑤2樓牆壁　　⑥屋頂　　⑦屋頂材、板、窗框

· 至上梁為止的工程容易因雨水受潮，必須覆蓋塑膠布。

Q 以梁柱構架式工法和2×4工法建造的建築，哪一種較容易翻修或增建？

▼

A 梁柱構架式工法。

....

2×4工法是用鑲板堆疊，一體成形的結構體，框架與合板、鑲板都是用釘子或金屬扣件等牢牢地接合住，因此無論是替換其中一根框架、一塊牆面，或在牆壁上開洞、在隔壁增設房間都非常困難。

另一方面，在梁柱構架式工法中，如果地檻腐爛就只要更換地檻，柱子損壞也只要更換那根柱子、或柱子的一部分，破壞牆壁的一部分來增設一扇門，拆掉斜撐替換到隔壁的牆壁，在隔壁增設房間等，都很自由。

> 2×4工法→以鑲板一體成形的構造→翻修很困難
> 梁柱構架式工法→用桿件組成的構造→翻修很容易

2×4工法就像單體構造（一體成型的結構）的車子或飛機一樣，是很難只更換一部分零件的結構體。

梁柱構架式工法則是用軸組組成，原本就是較不精準、存有彈性的結構體，所以要替換或增設都相當自由！

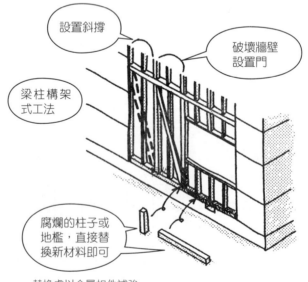

設置斜撐

破壞牆壁設置門

梁柱構架式工法

腐爛的柱子或地檻，直接替換新材料即可

替換處以金屬扣件補強

Q 在梁柱構架式工法和2×4工法中,哪一個在處理基礎是否水平等部分必須更為精準?

▼

A 2×4工法。

2×4工法是在基礎上先建造1樓地板,再於其上架設1樓的牆壁,接著建造2樓地板,每一根地板的地板格柵也兼作梁,上層面也會是平坦的,所以在尺寸上完全沒有彈性。基礎如果是傾斜的,上面的地板也會是傾斜的。

而梁柱構架式工法的地板,地板格柵和梁的上層面原本就在不同的水平面上,地板格柵的上層面比梁還要高,可在事後調整格柵從梁抬起的高度來保持水平。因為地板格柵和梁的上層面是不一致的,所以存有彈性、可調整的空間。

> 梁柱構架式工法→地板格柵的高度存有彈性,可用來調整地板的水平
>
> 2×4工法→地板水平是根據基礎的水平精度而來,之後要調整很困難

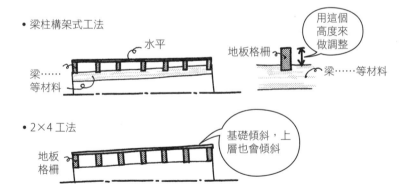

• 梁柱構架式工法

水平
地板格柵
用這個高度來做調整
梁……等材料
梁……等材料

• 2×4工法

基礎傾斜,上層也會傾斜
地板格柵

- 2×4工法的天花板一般會直接釘在2樓的地板格柵之下(因此層高可以設定得較矮)。如果電纜要經過地板格柵,在格柵的中央一帶就必須穿孔。2×4工法因為縫隙少,結構材之間沒有空隙,在配線、配管時需格外注意。
- 2×4工法的組裝方式不存在縫隙(伸縮縫),因而有好有壞,好處在於相當耐震、不會浪費材料。壞處則是配線、配管困難,尺寸上沒有彈性,2樓的聲音容易傳到下方。

右側：2 工法

以左右兩頁的圖示，來記住梁柱構架式工法和2X4工法的大致樣貌吧！

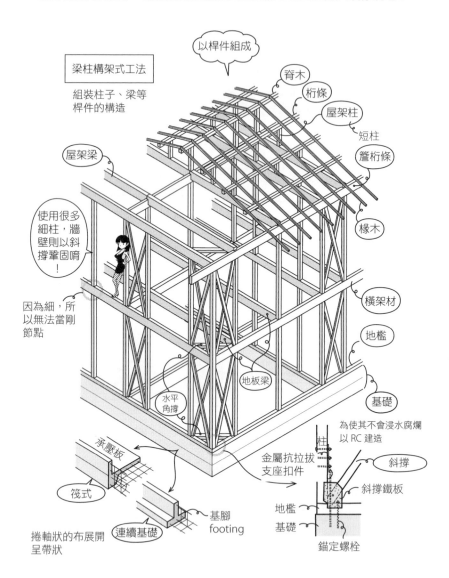

梁柱構架式工法

組裝柱子、梁等桿件的構造

以桿件組成

脊木

桁條

屋架柱

短柱

簷桁條

屋架梁

使用很多細柱，牆壁則以斜撐鞏固唷！

因為細，所以無法當剛節點

椽木

橫架材

地檻

地板梁

水平角撐

基礎

為使其不會浸水腐爛以 RC 建造

斜撐

斜撐鐵板

金屬抗拉拔支座扣件

柱

地檻

基礎

錨定螺栓

承壓板

筏式

連續基礎

基腳 footing

捲軸狀的布展開呈帶狀

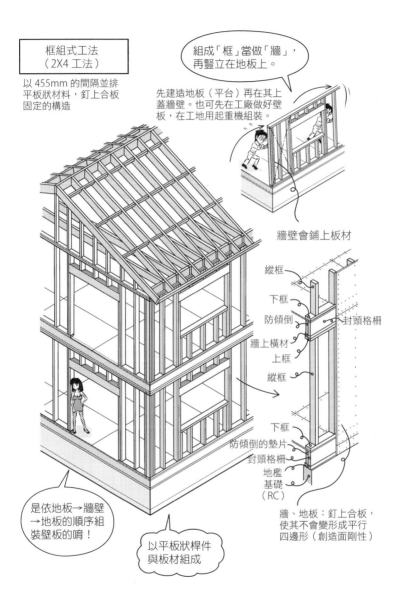

框組式工法
（2X4 工法）

以 455mm 的間隔並排平板狀材料，釘上合板固定的構造

組成「框」當做「牆」，再豎立在地板上。

先建造地板（平台）再在其上蓋牆壁。也可先在工廠做好壁板，在工地用起重機組裝。

牆壁會鋪上板材

縱框
下框
防傾倒
牆上橫材
上框
縱框
下框
防傾倒的墊片
封頭格柵
地檻
基礎
（RC）

封頭格柵

是依地板→牆壁→地板的順序組裝壁板的唷！

以平板狀桿件與板材組成

牆、地板：釘上合板，使其不會變形成平行四邊形（創造面剛性）

2
工法

Q 低地或谷地的地盤通常是硬的還是軟的？

▼

A 軟的可能性較高。

低地或谷地是水流匯集之處，常有河川或沼澤。可能是過去因為大雨而發生洪水，造成河川氾濫，或是隨著水流而來的泥沙堆積而成。

像這樣的地盤，土壤中的水分較多，會形成軟弱的黏土或沙層，若在其上放置重物，土壤中的水分被擠壓出來，容易引起地層下陷。而且在較軟的地層上，會提高地震震度，振動的週期會變長，和木造建築的長週期容易發生共振現象，更增加其危險性。

一般而言，木造住宅的地盤通常以台地為最好的選擇，台地正如其名，是形似高台、桌子造形的地盤。在看地圖的時候，河川一定在最低窪的地方，因為水會匯集到地勢最低窪之處，從地圖上也可以知道：土地是朝向河川傾斜。

要注意和○○澤、○○谷、○○沼等與水有關係的地名，其地盤可能就是較低窪且軟弱的土層。

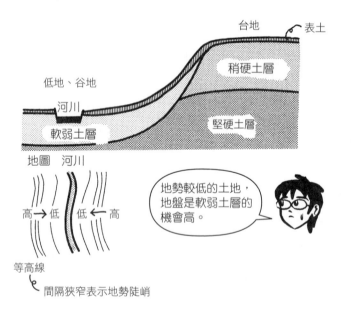

Q 什麼是L形擋土牆？

▼

A 支撐土壤的L形鋼筋混凝土牆壁 。

．．．

現在一般都是用鋼筋混凝土建造，而較低矮的擋土牆有時也會用混凝土塊或石頭來堆積而成，而高的擋土牆若不是用鋼筋混凝土建造的話，會有危險。

為什麼是L形呢？舉L形擋書架做例子就會知道囉！ L形書架的下方若用書本壓住的話，擋書架便很難傾倒。相反地，如果不用書本壓住，擋書架便很容易倒下。

在土壤層的情況也是一樣，L的下方用土壓住的話便較難倒塌，因而所有鋼筋混凝土造的擋土牆都是L形擋土牆。

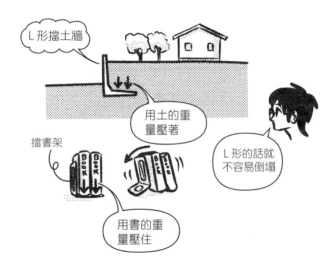

3

基礎・地盤

Q 什麼是挖土、填土？

▼

A 挖出斜坡面上的土就叫作挖土，而將土填在其上則稱為填土。

在斜坡上整地時，必須進行挖土和填土的工程，這是用來使地面平整的工程。

開挖土方時，因為是挖出原有的土壤，所以地盤大多是堅硬緊實的。重點在於填土，填土是後來才以土堆積出的柔軟地表，和經過長年累月因重量而壓實的土壤層不同，即使用機器夯壓讓它變堅固也不夠，若在這上面建造建築物的話，有可能會下沉。

但是不能因此省略填土的步驟，若只用挖土的方式整地，必須面臨該如何處理挖出的土壤的問題，要建造 L 形擋土牆下的水平部分時，也必須挖出定量的土。

L 形擋土牆是事前在填土的一側稍微挖土，待建好擋土牆後，再開挖坡面上較高的一側，並將這些土壤用來填土。所以在靠近 L 形擋土牆的內側絕對是填土。

用 L 形擋土牆做成的階梯式地基，擋土牆內有很大機會是軟質土壤層，要特別注意。

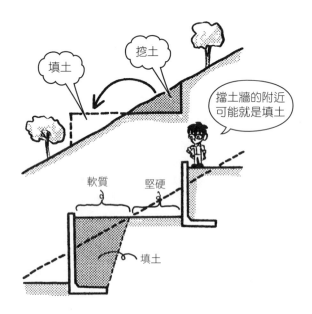

Q 什麼是 Sweden 式貫入試驗？

▼

A 用螺旋狀的機械（screw point）鑽入土壤，從它被抵抗的程度來推定地盤承載力的方法。

. . . .

如下圖，用木鑽鑽木材時，能輕鬆鑽入的是軟木，需要用力的則是硬木。土壤亦是如此，能輕易鑽入的就是軟土，需要用力鑽的就是硬土。

試驗的時候需要用同樣的力量來鑽，人的力量有強有弱，所以不能用來試驗。因而是以加上等重的砝碼來做比較，實際試驗是加上100kg的砝碼、鑽入25cm深，計算共鑽了多少圈，因為是用同樣的力來鑽，圈數較多的就是硬土。

我們也能在實驗室以同樣的條件，試驗不同的地質，鑽入某種地質需要多少圈來表示其硬度，以此預先做成數值表，用實驗室的數據和在工地現場實際測得的轉圈數比較，就可以推算出工地現場的地盤硬度。

Sweden 式貫入試驗除了手動之外，也有用機器來測試的，適用於木造等輕量建築、10m 以內的淺地盤。因為這種測試方式容易又便宜，所以經常使用在木造住宅。

稱為 Sweden 是因為這種方式從瑞典（Sweden）國有鐵路所採用的地盤調查方法普及而來，也稱為 Sweden 式錘測（sounding）試驗，sounding就是指敲打或使其旋轉來測試的試驗，類似醫生敲打患者胸口聽診。

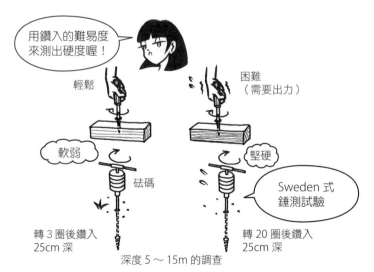

用鑽入的難易度來測出硬度喔！

輕鬆

困難（需要出力）

軟弱

堅硬

砝碼

Sweden 式錘測試驗

轉 3 圈後鑽入 25cm 深

轉 20 圈後鑽入 25cm 深

深度 5 ～ 15m 的調查

3

基礎・地盤

Q 什麼是<u>不均勻沉陷</u>？

▼

A 建築物傾斜下沉的意思。

．．

建築物整體一起下沉的話，造成的破壞比較小；一部分大量下沉，另一部分只下沉一點的不均勻沉陷，造成的傷害較大。嚴重的不均勻沉陷是無法恢復原狀的，只能拆除整棟建築物。

不均勻沉陷造成的損害不只是地板傾斜而已，建築物的各個部分都有可能會變形為平行四邊形，基礎若歪斜為平行四邊形（如下圖），朝傾斜方向拉張，會產生裂縫，而門框、窗框若歪斜為平行四邊形便無法開啟了。

地盤兩側的硬度不同時，很容易發生不均勻沉陷。若在同時挖土和填土的地基上興建建築物卻沒有採取任何對策，就會提高發生不均勻沉陷的機會。

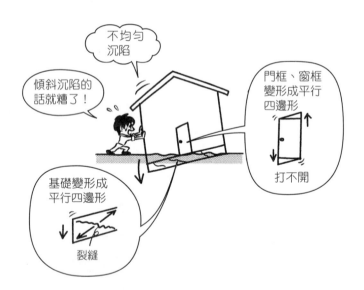

Q 什麼是地盤改良？

▼

A 在土裡加入含水泥等材料的固化劑，攪拌後使其凝固以增加地盤硬度的方法。

....

把固化劑粉加入土裡攪拌，因為有加入水泥粉等材料，過一陣子後就會凝固，攪拌過的土變硬到一定程度後，就能增加地面對建築物的支撐力（地盤承載力）。

若地表到支撐地盤的硬地層的深度太深，要將其中的全部土壤以地盤改良的方式來處理極為困難，所以也有以圓筒狀來進行地盤改良的方法，稱為柱狀改良。

柱狀改良是以專用的機器在地盤挖鑿圓筒狀的井，挖好井之後注入固化劑、攪拌，一直進行到接近支撐地盤時才將機器收回。在建築物的基礎下方，可用許多根的圓筒狀地盤改良，防止建築物下陷。

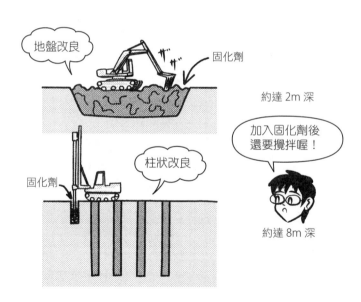

3

基礎・地盤

Q 什麼是椿？

▼

A 打入到硬地盤，支撐建築物的柱狀構件。

....

椿一般來說是插入地面的棒。

在建築工程中的椿主要是指椿基礎。椿是木字邊的文字，所以可以想像以前是使用原木，因為木材容易腐爛，所以現在大多使用鋼製、混凝土製的椿。在木造住宅中，一般使用鋼管的椿。

比起地盤改良，一般將椿打入、穿越軟弱地層抵達硬地盤來支撐建築物的方法更受到信賴。會打入好幾根的椿來支撐建築物。

用細鋼管的話，大概間隔2m左右，粗鋼管則以2m以上的間隔打入。住宅的話，因為基地面積狹小，且有材料搬入等問題，所以通常使用2m左右的短椿，用連接的方式打入。

各家業者已開發多種的椿和工法，有在椿的前端加入螺旋狀的東西，也有以旋轉方式插入的鋼管椿。

小口徑鋼管椿可用到深15m左右

Q 什麼是<u>水樁</u>？

▼

A 插在預定建築物的位置周圍，標示出水平或基礎位置的細桿件。

....

椿是插在土裡的桿件，一般是指樁基礎，但水樁是細桿件，是為了施工做準備，而在建築物位置外圍1m左右，以間距約1間（1.8m）插上。水樁的頂端如下圖是兩個方向不同的尖角形。為了判斷是否被惡作劇而採用尖角形。在以前，敵對的木工、建商會做出這樣子的妨害行為。

在水樁上釘上稱為水平桿（日：水貫）的細長板，其中的「貫」字，指的是在柱子等垂直的構材上以水平方向插入的長板，因為是貫穿柱子插入的橫向材料，所以稱為貫。從此，以橫向釘上的細長板材就稱為貫。

水樁、水平桿為什麼會加上「水」這個字呢？這是因為它們都是用來取水平之用，說到水平的水，以前真的就是用水來取水平的，在一個挖了槽溝的細長板上加水，就可以用來測水平，據說金字塔的水平也是用水來測定。

取水平的動作稱為<u>水準測量</u>，來自於上段所說，在有溝槽的桿件上盛水來定水平的動作。在現在的施工現場，水準測量是指打上水樁、水平桿後，以其為基準來定水平的作業。

Q 什麼是 benchmark ？

A 做為高度基準的水準點。

....

在圖面上，高度的基準為地盤面（GL：ground level），實際建造的時候，土地是凹凸不平的，且在建造基礎的時候需要挖洞，所以 GL 是變動的。

因此必須在工地周圍找一個不會變動的混凝土或混凝土建材，在上面做記號以做為高度的基準，如果找不到這樣的混凝土時，就在工地附近埋一個混凝土塊，並確保它不會被任意移動，來當作高度基準。

這個做為高度基準的就是水準點（benchmark），GL 是在事前就先決定為從水準點算起＋500mm 或－200mm，從這裡反推回來，以基礎的底面為水準點－○○，而基礎的上層面為水準點＋○○來進行工程。

benchmark 原本是用來測量的基準點，原意就是水準點。現在也被用在指測試電腦系統性能的指標，或者是投資效率的指標（日經平均股價等）。

在長椅上畫記號是不行的喔！．

不會變動的混凝土建材

不會變動的混凝土

benchmark
測定水準點

Q 如何在水樁上保持水平的釘上水平桿呢？

▼

A 使用雷射水平儀照射出水平方向的雷射線，根據雷射線的位置釘上水平桿。

雷射水平儀可以發射出水平和垂直方向的紅外線光，沿著雷射紅外線，即可簡單定出水平和垂直。

雷射水平儀上設有一個含有酒精成分等的液體及氣泡的水準器，這是為了在架設儀器時，可調整儀器本身的水平。使用雷射水平儀之前，先在打上水樁的工地正中央以三角架架設儀器，儀器需調整至水平，接著便會對每一根樁照射出水平的紅外線，在這個位置畫上黑線，對齊黑線的上方釘上水平桿即可，一般以基礎上 20cm 為標準來設定雷射的高度。

雷射水平儀在內部裝潢工程中也會用到，使用雷射水平儀可以簡單測量出地板是否不平。首先在房間的中央設置儀器並調整至水平，然後對著牆壁照射雷射，再測量這個雷射到地板的高度，若每個測定的位置高度不同，就可以知道地板不是水平的。

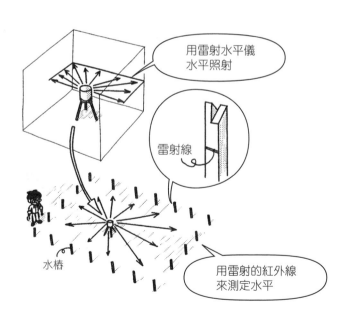

用雷射水平儀水平照射

雷射線

用雷射的紅外線來測定水平

水樁

3

基礎・地盤

Q 什麼是水平基準線？

▼

A 布置在水平桿上面的線，用來標示基礎中心等的位置。

和水平桿、水樁等一樣，水平基準線是用來表示水平的線。一般最常用黃色的尼龍線，有時也可看見白色或藍色的線。

水平桿是以雷射水平儀等使其水平釘上，高度規定為比基礎頂端高20cm處等，而若在水平桿的頂端布設水平基準線，水平基準線也會是在高基礎頂端20cm處水平設置。只要在水平桿的頂端釘上釘子，水平基準線就一定會是水平的。

而取直角就需要花一些工夫了。將整個平面的對角線以畢氏定理來計算，也就是兩直角邊的平方相加等於斜邊平方。

另外，也可用3：4：5直角三角形來取直角，使用橫材等材料在工地現場製作直角三角形的三角尺，比方說以50cm為單位，定出1.5m：2.0m：2.5m直角三角形的大三角尺，使用這個三角尺就可以用來取各部位的直角。大的直角就用對角線的長度來訂定，小的直角則用三角尺來定出。

在基礎中心線的上方布設水平基準線，再以水平基準線為標準來開挖基礎。打上水樁，取水平釘上水平桿，取直角布設水平基準線的整個過程稱為水準測量·放樣（日：水盛·遣り方），放樣（日：遣り方）也可指由水樁和水平桿組成的臨時性設施，而日文中表示手段或方法的名詞「やり方」，也有一說是從放樣一詞而來。

水準測量→取水平的作業
放樣→打上水樁、水平桿，並布設水平基準線的作業

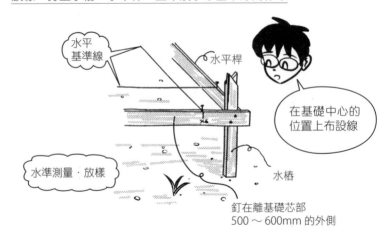

水平基準線

水平桿

在基礎中心的位置上布設線

水準測量·放樣

水樁

釘在離基礎芯部500～600mm 的外側

Q 什麼是地繩？

▼

A 為了確認建築物的位置，而在地面上設置的繩子。

因為是在地面布設的繩子，所以稱為地繩。布設地繩的工作就稱為拉地繩或拉繩。

拉地繩不需要像水平基準線一樣精確，只是為了確認位置而設置的。通常為尼龍製的黃色繩子、黃色水平基準線等，在地面上可容易辨識的有色繩子。

建築物的形狀、開口方向是否和圖面上一致？與圍牆的距離、放置冷氣室外機的空間足夠嗎？車子是否進得來？有時也可能邊確認地繩的位置，邊調整建築物的配置。

一般施工順序為在水準測量、放樣之前布設地繩，但也有在設置水樁、水平桿之後，水平基準線之前布設地繩用來確認位置。

　　布設地繩→用水準測量、放樣來布設水平基準線→基礎工程

3

基礎・地盤

我的拉繩！

地繩

鋪設拉繩來確認建築物的位置喔。

拉地繩

Q 什麼是地基開挖（日：根切り）？

▼

A 為了基礎等工程而挖掘地面的工作。

建造基礎或地下室時，一定要挖掘土壤，這個挖掘工程就稱作地基開挖。如果把建築物比喻為樹木，潛藏在土壤下的部分就是根，挖掘土壤就像挖掘根的部分且鏟除它，所以在日文裡稱為「根切り」。

以水平基準線做為標準，在地上用石灰標示出基礎中心，這是在地面上拉線的要訣。因為當拆除水平基準線後，就要照著這個石灰線來挖洞。通常使用稱為鋤耕機的重機（怪手）來挖掘，而在窄處則使用鏟子來做些微的調整。

洞的底部稱為基底，其從水準點測得的深度必須保持一致。有地下室的基底會較深。在土壤可能崩塌之處，需立起板子來防止崩塌。用來固定住土壤層的長板，因為要插入土裡，前端是尖的，所以日文稱為矢板，也就是中文的板樁。設置板樁的施工作業稱為擋土壁工程，也就是把土固定住的意思。

　　地基開挖→挖土的施工作業
　　板樁→固定土壤層的板
　　擋土壁工程→固定土壤的施工作業

地機開挖就是挖掘土壤的工作。

Q 什麼是基腳（footing）？

▼

A 指基礎在底面擴大的部分。

....

又稱為基腳基礎。在軟土上走路時，高跟鞋的細跟會陷入土裡，而像運動鞋這類底面較平坦的鞋子，因為底面積較大，在軟土上行走時較不會陷進土裡。

人的腳底板底面是寬廣的，木造建築的基礎也一樣，底面需要擴展開來。底面積較大的建築物較為安穩，比較不會因載重而沉陷。人的腳為 L 形結構，這是為了方便往前行走，而木造住宅的基礎並不需要走動，所以底面以對稱的方式展開，因此基礎形成倒 T 形。

基腳基礎在鋼筋混凝土建築或鋼骨結構建築物上也經常被使用。基腳有許多不同的類型，例如在柱子下方的底面擴展成正方形、或在牆壁下方以帶狀的方式擴展底面等。

3

基礎・地盤

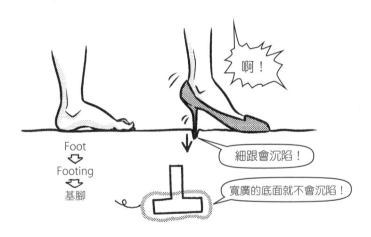

啊！

Foot
⇩
Footing
⇩
基腳

細跟會沉陷！

寬廣的底面就不會沉陷！

Q 什麼是連續基礎？

▼

A 在所有的牆壁下方連續設置的帶狀基礎。

連續基礎是指基礎以長帶狀連接起來的形狀，因為日本從前的布一般是寬
36cm 的捲軸狀，因此在日文裡稱為布基礎。

連續基礎即牆壁下方設置的帶狀基礎，如下圖，在所有的牆壁下方都設置
了基礎，且在土裡的基礎底面設有基腳，這個斷面為倒T形的基礎，設置
在牆壁的下方形成帶狀，就是連續基礎。

鋼筋混凝土建築或是鋼骨結構建築，有時也會使用連續基礎。從一根柱子
到另一根柱子之間做成帶狀的基腳基礎，會稱為連續基腳基礎。

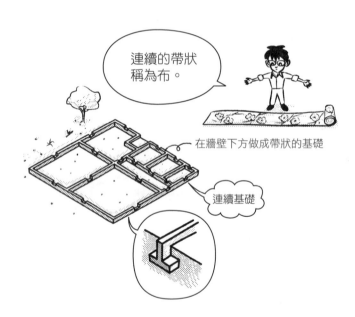

連續的帶狀
稱為布。

在牆壁下方做成帶狀的基礎

連續基礎

Q 什麼是筏式基礎？

▼

A 在建築物的整個底面加上鋼筋混凝土板，以板來支撐建築物的基礎。

如下圖，將筷子組成的結構體直接插入土裡，因為筷子前端又細又尖，加上重量就容易沉陷，如果在結構體的下方鋪上一本書，重量分散在整本書上，就不易沉陷。因此底面積愈大的時候，支撐能力就愈大。

像書本一樣做為「整體」板的基礎，就稱為筏式基礎。相對於連續基礎只在牆壁的下方做支撐，筏式基礎是支撐著整個建築物的底面，在連續基礎中雖然加上了基腳，但和整體面績比較起來還是小很多，為了補強這個部分，在建築物整個底面加上基礎，就是筏式基礎。

連續基礎→只在牆壁的下方以基腳底面來支撐
筏式基礎→以整個底面來支撐建築物

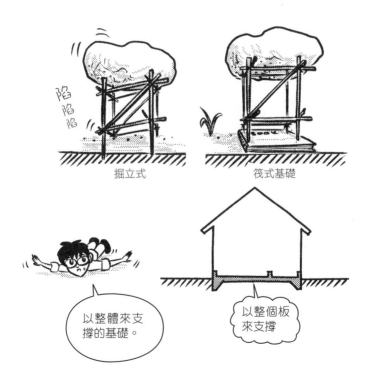

掘立式　　　　　筏式基礎

以整體來支撐的基礎。

以整個板來支撐

3
基礎・地盤

Q 什麼是碎塊石（日：割栗石）？

▼

A 在澆置混凝土基礎前所鋪設的石頭。

．．．

將從前稱為圓礫石的大圓石頭切割後，較尖的一端向下插到土裡並排，因為切割圓礫石，所以稱為碎塊石。把尖端插到土裡再從上方搗實，使其陷入土中，如此一來就是一個牢固的地盤而不會繼續沉陷，像這樣以縱向並排的稱為尖端站立，雖然也有將細長圓石以尖端站立的方式來排列，但現在一般比較常用的是粉碎大岩塊而來的碎石。碎石分為一號碎石（80～60mm）、二號碎石（60～40mm）、三號碎石（40～30mm）等大小。在木造建築中最常使用的是一號碎石、二號碎石等。

現在仍稱鋪在基礎下的大碎石為碎塊石、礫石等。

用略小於100mm的大碎石，鋪設在厚度100～200mm左右的洞底（基底），這個工程步驟在日文裡稱為割栗地業（地業，處理土地的作業）。

理想上是將大碎石以尖端站立的方式排列，但這樣做不僅費工，對整體結構也沒有太大的幫助，所以現在不這麼做了。

石頭最好以縱向並排。

但是常常是使用碎石。

圖面記號

碎塊石

150

Q 什麼是破碎砂石（crusher-run）？

A 聚集0～40mm大小的碎石而成的砂石。。

在碎塊石上面鋪上稱為破碎砂石的砂石，是從像砂子一樣的小碎石到大碎石的混合物，碎石是使用粉碎機（crusher）將岩石弄碎，人工製成的砂石。將這些碎石過篩，篩掉超過規定尺寸的石頭，剩下來的碎石就稱為破碎砂石或破碎碎石。又因為是以粉碎機製成的砂石，所以也稱為crusher-run。

將大大小小的碎石以40mm的篩孔過篩之後，就會篩出小於40mm的碎石，小於40mm的碎石表示為C-40或crucher-run40～0等。在碎塊石上鋪設的破碎砂石一般為C-40。要能填入碎塊石的細縫間，需要從小到大各種尺寸的砂石，如果只有大砂石的話，可能無法填滿碎塊石間的空隙。而在瀝青鋪面道路也常常使用這種破碎砂石來鋪底。

把過篩後40mm以上的碎石，再次過篩分為50或200mm的碎石等。在這裡把不同大小的碎石以粗略的方式分類，用在和破碎砂石不同的地方。

最近的木造建築，在深約50～100mm處鋪上碎石後，以夯土機（敲打地面使其結實的機器）、壓實機（振動地面使其結實的機器）等來碾壓、使其結實。

3

基礎・地盤

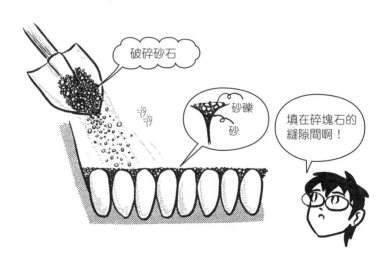

破碎砂石

砂礫

砂

填在碎塊石的縫隙間啊！

Q 什麼是打底混凝土？

▼

A 在碎塊石上鋪一層厚度 30～50mm 左右的混凝土，做為基礎混凝土工程的準備。

如果在土壤或砂石上直接建造結構體，會發生重量較難傳達到土裡、新拌混凝土陷入土裡、鋼筋必須在土上配置、沒辦法畫線做記號等問題，因此會有許多的不便。彈墨線是使用黑線來描繪基礎的位置，為此，如前面所說，鋪上碎塊石之後，再鋪上破碎砂石填滿空隙、固定，接著灌入打底混凝土。打底混凝土成分和普通混凝土一樣，但有時水分會少一點。

會稱為「打底混凝土」是因其為打底的混凝土，而非本體的混凝土。和內部裝潢工程一樣，在鋪上最外層的板材之前，會先鋪上打底板。澆置打底混凝土的意義，首先是為了要製造水平面，在凹凸不平的碎塊石上進行工程作業較為困難，如果有堅固的平面，工程就比較容易進行。因為打底混凝土有調整水平高度的功用，所以也稱為 level concrete。

在凝固的打底混凝土層上彈墨線，用來確定基礎位置，鋼筋也是在打底混凝土上組裝，因為打底混凝土是堅固的水平面，要將鋼筋水平配置也很容易，從打底混凝土表面算起的覆蓋厚度（從混凝土表面到鋼筋的距離），只要把間隔器（spacer，建立間隔的器具）放在打底混凝土之上就可以確實留設。

如果有打底混凝土的話，模板的組裝也會變得容易，所以打底混凝土是工程中不可欠缺的步驟。

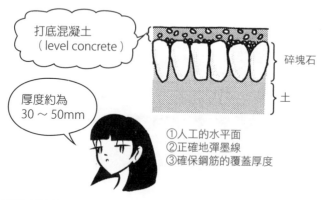

打底混凝土
（level concrete）

厚度約為
30～50mm

①人工的水平面
②正確地彈墨線
③確保鋼筋的覆蓋厚度

碎塊石

土

注：台灣工人用語為：速底（sūah de，台語發音）就是從日文的「捨て（su de）」而來。

Q 什麼是<u>RC</u>？

▼

A <u>鋼筋混凝土</u>。

RC是reinforced concrete的縮寫，reinforce是補強的意思，所以RC原本的意思是「被補強的混凝土」。

Reinforce的「re」在英文裡是「再」的字首，「in」則是「進入」的意思，「force」就是「力」，因此就是「從原本有的力之外再加上其他力」，也就是補強的意思。混凝土抵抗張力的能力較弱，所以需要加上鋼筋來補強。在木造建築上的基礎也幾乎都是使用鋼筋混凝土來建造。因此，學習木造建築的時候，對鋼筋混凝土也要有一定程度的認識。

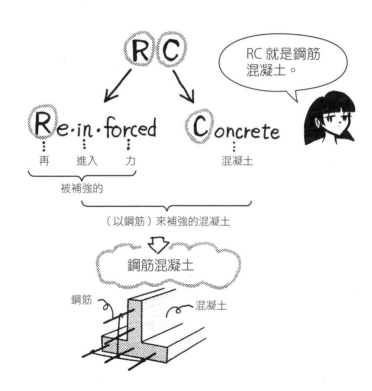

Q 為什麼混凝土要用鋼筋來補強呢?

▼

A 因為混凝土抵抗張力的能力較弱,所以需要抵抗張力較強的鋼筋來補強。

雖然混凝土抵抗壓力(壓縮)的能力很強,但卻有不太能抵抗張力的缺點,所以加入較能抵抗張力的鋼筋,使整體抵抗張力的能力變強。

混凝土和鋼筋的熱膨脹係數極為接近,所以受太陽曝曬時,鋼筋和混凝土是以同樣的程度膨脹和收縮,若兩方係數差別過大,遇熱就會變形而毀壞,所以混凝土可以用鋼筋做為補強是因為它們的膨脹係數幾乎一樣。

又因混凝土是鹼性物質,而鋼在鹼性物質中有較不易鏽蝕的特性,所以可想而知鋼筋混凝土是合理的組合。

鐵是iron,鋼是steel,在鐵裡加入碳就變成韌性較強的鋼,兩者性質有些不同,而使用在結構材上的則都是鋼。

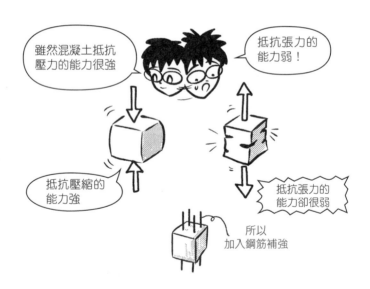

Q 混凝土是用什麼組合而成的？

▼

A 由水泥、砂、砂石、水組成的。

....

將細砂和大小同小指前端的砂石以稱為水泥的接著劑固結，就叫作混凝土。水泥是從石灰石等製成的粉末，有著和水混合時會固結的性質。

因為砂和砂石在混凝土中是屬於骨的材料，所以也稱為骨材；砂是較細的骨材，稱為細骨材；而砂石是較粗的骨材，所以稱為粗骨材。

> 砂→細骨材
> 砂石→粗骨材

大概的體積比約為水泥：砂：砂石＝1：3：4。

一般是以預拌混凝土車運送新拌混凝土（還未固結的混凝土）到工地現場。

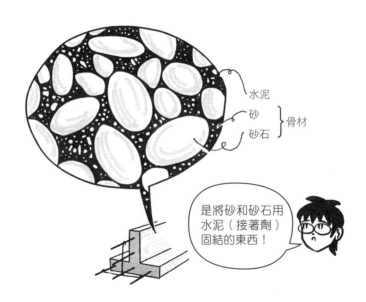

Q 什麼是水泥砂漿？

▼

A 將水泥和砂混合後再加上水的材料。

水泥砂漿是使用在混凝土的最後一道步驟，灌好混凝土的基礎表面不是很好看，所以會在表面上塗上 20～30mm 的水泥砂漿。

首先用泥刀塗上水泥砂漿，塗好水泥砂漿後就算完成了，但有時還會用刷子刷過表面，留下刷痕，變得比較好看，又稱為灰漿毛刷塗敷裝修。

有時為了減少灰漿毛刷塗敷裝修的費用，不使用一般的模板而改使用鋼板，用鋼製模板灌置混凝土，拆掉模板後，混凝土的表面會是光滑的，就可漂亮完工！

水泥砂漿是水泥＋砂，混凝土是水泥＋砂＋砂石，也就是說把水泥當作接著劑來固定砂及砂石，水泥砂漿是被用來加工或修補的，不能只用水泥砂漿來建造結構體。建造結構體時必須要用砂石來創造體積。

水泥砂漿→水泥（＋水）＋砂
混凝土→水泥（＋水）＋砂＋砂石

Q 什麼是水泥漿（cement paste）？

▼

A 在水泥中加入水的材料。

水泥漿是水泥砂漿或混凝土裡的接著劑，paste是糊漿的意思。用水泥漿把砂或砂石接著固定住以做成水泥砂漿或混凝土。

水泥漿也稱為泥漿，一般不太會單獨使用水泥漿，但有時也會用在最外層，像是塗在水泥砂漿的表面上以做出漂亮的成品，稱為抹灰工。做了抹灰工之後，原本粗糙的水泥砂漿表面就會變光滑。

如果水泥漿稱為泥漿的話，在其中加入砂的水泥砂漿就稱為灰漿，兩個都是專業工匠的用語，在這裡請把水泥漿、水泥砂漿、混凝土的分類牢牢地記住！

①水泥＋水→水泥漿（泥漿）

②（水泥＋水）＋砂 →水泥砂漿（灰漿）

③（水泥＋水）＋砂＋砂石 →混凝土

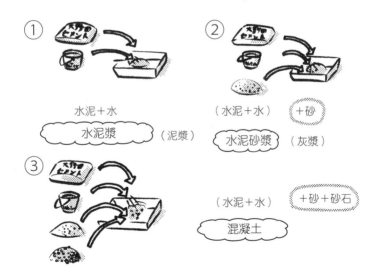

3

基礎・地盤

Q 1. 基礎牆身的厚度為？

　　2. 基腳的厚度為？

　　　▼

A 1. 150mm 左右。

　　2. 150mm 左右。

....

 一般來説，建築物各部位的混凝土厚度為 120、150、180mm 三種規格，鋼筋混凝土建築的地版、牆壁最小厚度為 120mm，一般為 150mm，稍厚的則有 180mm，而更厚的有 200mm。RC 結構牆厚度則一般多為 180 或 200mm。

請記住在木造建築的倒 T 形連續基礎中，牆身的厚度為 150mm，支撐建築物重量的基腳厚度也是 150mm。

　　　　基礎牆身的厚度→ 150mm
　　　　基腳部分的厚度→ 150mm

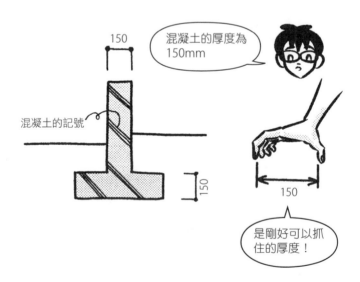

Q 1. 基腳底面是從GL（地面高程）往下多深？

　　2. 基礎頂端是從GL往上多高？

▼

A 1. 300mm 左右。

　　2. 300mm 左右。

<u>GL</u>是 ground level 的簡稱，ground 同於棒球場的場是地面的意思，level
則是指高程，所以GL就是地面高程的意思。

基礎是從GL減300mm 左右為底面，加300mm 左右則為頂端。基腳底面
的深度稱為埋入深度，建築物的根也就是基礎，因為是指基礎埋入土裡的
深度，所以稱為<u>埋入深度</u>。埋入深度會根據地盤的硬度或建築物的重量而
有所不同；另外還有依<u>凍結深度</u>改變埋入深度（凍結深度：土壤水分不會
凍結的深度）。

水在結凍時體積會膨脹而壓迫基礎，但如果埋入深度是比凍結深度還深的
地方，就不用害怕會因凍結而被抬起，愈寒冷的地方，凍結深度會愈深。
也就是凍結深度是60cm 的話，比60cm 還深的地方就不會結冰，因此基
礎必須要比60cm 還要深。

日本建設省告示（平成12 年5 月23 日第1347 號）中規定，基礎頂端要比
GL高 300mm 以上。基礎的高度也會因1 樓的地板高而有改變。

先記住基礎是GL±300mm 吧！

3

基礎・地盤

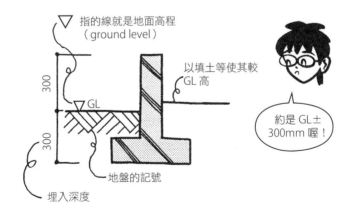

指的線就是地面高程
（ground level）

以填土等使其較
GL 高

GL

約是 GL±
300mm 喔！

地盤的記號

埋入深度

Q 基腳的寬度為？

▼

A 300～450mm左右

 人自然站立的時候，兩腳間的距離約是肩膀寬增減一點，也就是300～450mm，而木造建築基腳的寬度也作成300～450mm。

就像人會因身高的不同，兩腳間的距離也會不同，基腳的寬度也會因建築物的大小或地盤的硬度而有所不同。在大型建築物或軟質地盤時，基腳會做得比較大。

鋪上碎塊石，然後灌入打底混凝土製造水平面，再於其上建設基礎。因為在建設基礎時，必須在打底混凝土的上面設置模板，在裡面灌入新拌混凝土，所以碎塊石、打底混凝土的寬度必須要比基腳的兩翼各多50mm。

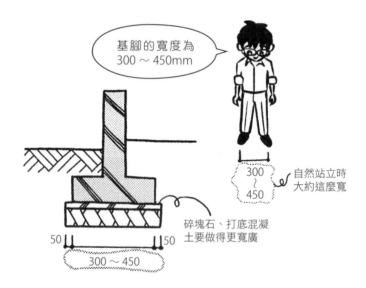

Q 如何處理連續基礎的頂端（天端）？

▼

A 用水泥砂漿把它整平。

．．．

在混凝土凝固，把模板拆掉後，混凝土表面會是凹凸不平的，基礎之上的施工必須仰賴基礎來進行，如果基礎凹凸不平的話會造成麻煩。

所以在基礎上用 15～20mm 左右厚度的水泥砂漿來整平。這個用來整平的水泥砂漿就稱為整平水泥砂漿，其實這不是什麼特別的水泥砂漿，就是一般的水泥砂漿，但因為用來整平所以就這麼稱呼。

在圖面上標記為整平水泥砂漿厚 20，或整平水泥砂漿ㇰ 20，或整平水泥砂漿 T＝20 等，在這裡的ㇰ就是アツミ（厚度）的意思，T 也是 thickness（厚度）的意思。

市面上也有可以簡單使頂端保持水平的產品，在模板拆除前，將這類產品像水流動一樣灌入使其凝固，因為在凝固前可像水一般流動，自然而然就能整平，不需另外整平，可讓施工更有效率。

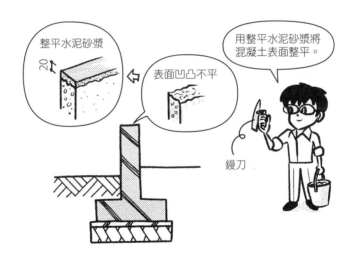

整平水泥砂漿

20

表面凹凸不平

用整平水泥砂漿將混凝土表面整平。

鏝刀

3

基礎・地盤

Q 木造建築中連續基礎內部要埋入什麼鋼筋？

▼

A 如圖，上下用 D13，中間和基腳的兩翼則放入 D10，並且以 300mm 的間距用 D10 把它們鉤住。

D13 就是表面有隆起、直徑 13mm 的竹節鋼筋，竹節鋼筋的設計是為了要能與混凝土緊密接合，而在表面弄成凹凸不平的鋼筋。雖然會因部位的不同而改變直徑，但與直徑為 13mm 的圓形斷面等重的鋼筋都稱為 D13。

和竹節鋼筋相反的是表面光滑的鋼筋，稱為光面鋼筋。直徑 9mm 的光面鋼筋寫成 φ9，φ 是直徑符號，讀作 fai。

> D13 → 直徑約 13mm 的竹節鋼筋
> D10 → 直徑約 10mm 的竹節鋼筋
> φ9 → 直徑約 9mm 的光面鋼筋

在基礎的上下各放入較粗的 D13 鋼筋，其餘則使用 D10 的鋼筋，在連續基礎的長軸方向上，有 2 根 D13、3 根 D10，總共設置 5 根鋼筋。為了讓這 5 根鋼筋可以相互纏繞在一起，以間距 300mm 配置 D10 的鋼筋（繫筋），寫為 D10@300，@ 就是間隔的意思，D10 在 RC 結構建築中也常常用來補強。

> D10@300 → 將 D10 的竹節鋼筋以間距 300mm 配置

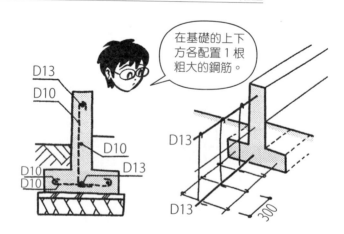

> 在基礎的上下方各配置 1 根粗大的鋼筋。

D13
D10
D10
D10
D10
D13

D13
D13
300

注：在台灣工地中則以台語「三分鐵仔（sann hun tia）」來稱呼 D10 的鋼筋。

Q 木造建築的連續基礎到完工的工程順序為？

▼

A 如下圖①～⑤的順序：

①拉地繩、水準測量、放樣、地基開挖。

②鋪碎塊石、鋪破碎砂石、輾壓、澆置打底混凝土、彈墨線。

③配置鋼筋（配筋）、組裝模板。

④澆置混凝土、拆除模板。

⑤在基礎頂端塗上整平水泥砂漿。

....

🔷 組裝鋼筋可以直接在施工現場作業，也可將事前已組裝好的鋼筋直接架設做為連續基礎用。

鋼筋配置在比打底混凝土高一點的地方、混凝土的內部，如果沒有被完全包覆，鋼筋容易鏽蝕。混凝土覆蓋鋼筋的厚度，就稱為覆蓋厚度，確保覆蓋厚度是配筋時最重要的檢查要點。

澆置混凝土時，先灌入基腳，當基腳的混凝土凝固後，於其上組裝基礎牆身的模板，再灌入混凝土，但也有同時灌入基腳和基礎牆身的，此時基礎牆身的模板會懸空，需要多下一點工夫。

基礎工程就像字面上的意思，指的是建造建築物的基礎。如果基礎建設中有瑕疵，不管多努力建造其上的部分，也是於事無補，所以這是整個建築工程中最重要的部分！

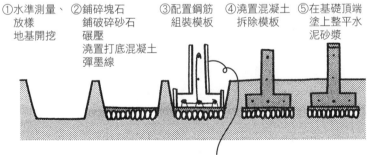

①水準測量、 ②鋪碎塊石 ③配置鋼筋 ④澆置混凝土 ⑤在基礎頂端
　放樣 　鋪破碎砂石 　組裝模板 　拆除模板 　塗上整平水
　地基開挖 　碾壓 　　　　 　　　　 　泥砂漿
　　　　 　澆置打底混凝土
　　　　 　彈墨線

基礎牆身的模板在還沒有基腳的時候設置會懸空。
要跟基腳同時澆置的話，需要多一層工夫

3

基礎・地盤

Q 基礎和地檻有什麼不同？

▼

A 基礎是以混凝土建造的建築物最底層的結構體，地檻則是在基礎上鋪設的木材。

基礎是用混凝土製成，地檻則是用木材。把像柱子般的木材橫向安放在連續基礎上，這就是地檻，基礎和地檻在一般用語中常常會被混用，但在木造建築中必須要嚴格區分它們的用法。對初學者而言，是容易混淆的概念，要多注意！

　　基礎→混凝土
　　地檻→木材

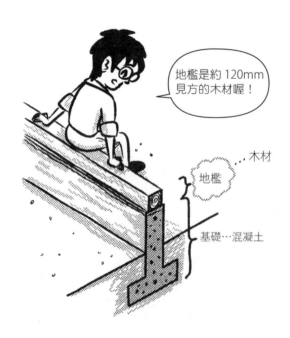

地檻是約 120mm 見方的木材喔！

…木材

地檻

基礎…混凝土

Q 地檻如何固定在基礎上？

▼

A 使用錨定螺栓（anchor bolt）來固定。

⬚ anchor是船錨，anchor bolt就像船在停泊時會下錨一樣，是使各部位構件不會移動、固定的螺拴。

在灌入基礎的混凝土之前，先預埋錨定螺栓，再灌入混凝土，凝固後就不會鬆動。之後在地檻上開洞，穿過錨定螺栓，再於上面用螺絲帽固定。

通常使用M12的錨定螺栓（直徑12mm，全長450mm左右），M是表示日本JIS公制螺紋的規格。前端為L形或U形，如此一來較不容易從混凝土中鬆脫。在圖面上標示為anchor bolt M12，l＝450等。

anchor bolt → M12、l＝450

如果是以120mm見方的地檻計算起，而螺栓頭凸出30mm左右，埋到混凝土中的部分就約為450－（30＋120）＝300mm。

像錨一樣緊緊地固定

好好固定住喔

錨定螺栓

地檻

anchor
＝
錨

地檻和基礎牢牢地固定在一起

基礎

3

基礎・地盤

Q 要如何使錨定螺栓的頭部不凸出地檻？

▼

A 使用華司頭通孔內牙螺帽 或在地檻上稍微挖掉一點木材。

不使用地板格柵，將厚度24mm、28mm等尺寸的厚合板直接釘在地檻、地板梁上的是無地板格柵工法（沒有地板格柵的工法）。如此一來，錨定螺栓的頭部如果凸出地檻就會妨礙地板鋪設，所以用如下圖的方式，使用華司頭通孔內牙螺帽或在地檻上稍微挖掉一點材料來讓螺栓頭不會凸出來。

2X4工法同樣會將構材架設在地檻之上，所以也會用華司頭通孔內牙螺帽或在地檻上稍微挖掉一點木材。

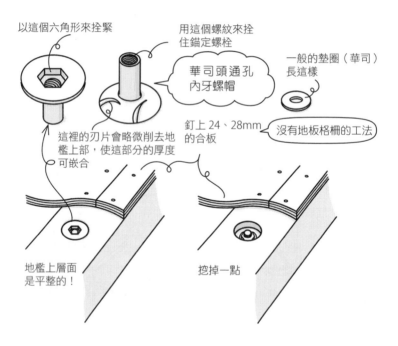

Q 為什麼要鋪地檻？

▼

A 因為要讓柱子或間柱等構材可以容易固定住。

....

柱子或間柱（固定壁材的細柱）等材料，若在混凝土的基礎上直接固定（左下圖），每一個都需要用錨定螺栓，不僅是柱子或間柱，連固定支撐地板的地板格柵等細木材，每一個都需要金屬扣件來埋入混凝土中，這樣會埋入過多的錨定螺栓、金屬扣件。

而如右下圖所示，在基礎上鋪地檻，將柱子或間柱等固定在地檻上時則只需要使用錨定螺栓，地板格柵則架在地檻之上，直接用釘子固定就可以了。

地檻是木頭製造，所以釘子或螺絲釘就已足夠，用簡單的金屬扣件就可以將材料固定住，也因為基礎以上的施工為木施工（木作工程），一旦在基礎上面鋪上地檻的話，施工就會變得輕鬆許多。

鋪設地檻是和柱子或梁一樣，在上梁的時候鋪設的，所以地檻不是基礎工程，而是屬於木工程。

3

基礎・地盤

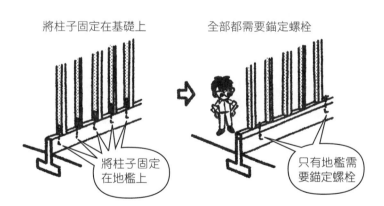

將柱子固定在基礎上　　　全部都需要錨定螺栓

將柱子固定在地檻上

只有地檻需要錨定螺栓

Q 如何避免地檻腐朽、被白蟻侵蝕？

▼

A 塗上<u>防腐防蟻藥劑</u>，或是使用<u>防腐木</u>。

地檻因為接近地面所以容易腐爛，也容易受白蟻侵蝕。<u>檜木、羅漢柏的含心木材</u>較難腐朽，經常使用來做地檻。日本建築基準法（施行令49條）規定，離地1m以內須做防腐處理，所以一般會在地檻、柱、間柱等的下部塗上防腐防蟻藥劑。地檻部分有販售在工廠將防腐防蟻藥劑加壓注入的<u>防腐材</u>，筆者認為其耐朽性比檜木更好。防腐材的斷面會在地檻的轉角處露出時，必須塗上防腐防蟻藥劑。

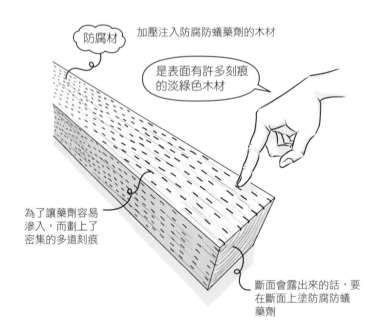

防腐材
加壓注入防腐防蟻藥劑的木材

是表面有許多刻痕的淡綠色木材

為了讓藥劑容易滲入，而劃上了密集的多道刻痕

斷面會露出來的話，要在斷面上塗防腐防蟻藥劑

Q 為什麼要在基礎上設置換氣孔呢？

▼

A 為了防止溼氣讓地檻或地板組的木頭腐蝕，或防止被白蟻啃蝕等。

因為木頭怕溼氣，所以必須要設置換氣孔。如果溼氣較重，木頭容易腐爛，也容易引來白蟻。而鋼筋混凝土結構建築、鋼骨結構建築的地板不是使用木材，所以不需要設置換氣孔。

地檻常使用較不易腐爛的檜木，也有稱為防腐材的地檻專用合成木材產品，防腐材就是其中注入了防腐藥劑的木材。

在四周的基礎上開洞，讓連續基礎圍起來的部分可以流通空氣，不僅僅是外牆的部分，如下圖，內部牆壁底下的基礎也必須要開洞。

內部牆壁下的洞有時也會做成人可以通過的大小，稱為人通口，只要有一個可以檢查地板的洞，就可以檢查所有地板下的空間，如果有設置人通口，要修理排水管或瓦斯管線等就便利許多。

在外牆換氣孔上裝上不鏽鋼製的網子以防止蟲或老鼠入侵，而換氣孔下方的混凝土設計成向外傾斜，這樣一來，即便雨水流進來，也較容易往外排出。

3

基礎・地盤

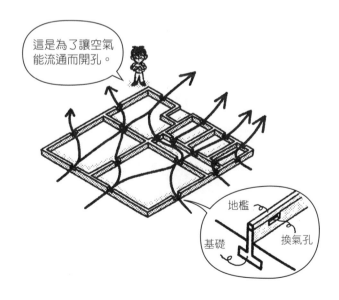

這是為了讓空氣能流通而開孔。

地檻

基礎

換氣孔

Q 什麼是貓地檻？

▼

A 在基礎上放上厚度約 20～30mm 的襯墊，將地檻抬起來，使其在基礎和
地檻的空隙間換氣的工法。

....

這些構材稱為貓地檻、基礎襯墊、地檻墊片等，在日文中貓是用來形容小
型的東西。有堅硬的樹脂製或金屬製的襯墊產品，也有用栗樹木或花崗岩
製成的。

襯墊以約 900mm 的間隔來設置，但在柱子的下方一定要有一個襯墊，如
果柱子下方沒有襯墊的話，地檻可能會因柱子的重量而彎曲、斷裂。

因為地檻是整個抬起懸空，空氣在地檻下面流通，地檻就比較不會腐爛，
但就需要防止水或蟲子進入這些空間的設計了。

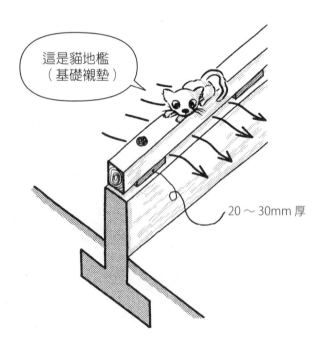

Q 如果在基礎上開換氣孔的話，基礎牆身上部的鋼筋就必須切除，該如何應對？

▼

A 有以下3種方法：
　① 用鋼筋在換氣孔的周圍做補強。
　② 為了不要切斷鋼筋而在基礎牆身的中間設置換氣孔。
　③ 採用貓地檻。

....

若開設換氣孔，在基礎牆身上部的 D13 就必須要切斷，但切斷 D13 後，換氣孔周圍的強度就會比較弱，提高換氣孔在地震時可能損壞的機率。

簡單的對策就是配置補強的鋼筋，在 D13 的開孔附近斜向插入鋼筋，以及在開孔下方水平配置補強的鋼筋，用 3 根 D13 的鋼筋來補強開孔附近的強度。

另外也有不需切斷從上面通過的 D13 的開孔形式，如下圖，在基礎牆身的中間設置四角形或圓形開孔，這時需要注意的是離地面的高度，如果開孔距離地面太近，水就容易跑進去。

使用貓地檻的話，就完全不用改變基礎的形狀，鋼筋和混凝土都不會缺損，是最堅固的基礎。

換氣孔的開孔在日本建築法規中規定，每 5m 以內，開孔面積要超過 300cm²，這個開孔的位置一般設置在窗戶下方，因為窗戶下方沒有柱子，是不需要承重的位置。

3

基礎・地盤

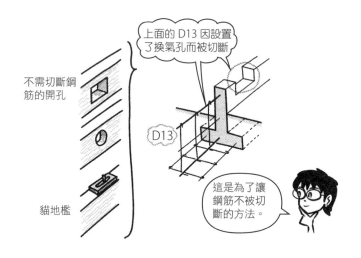

不需切斷鋼筋的開孔

貓地檻

上面的 D13 因設置了換氣孔而被切斷

D13

這是為了讓鋼筋不被切斷的方法。

Q 換氣孔的大小為？

▼

A 高150mm、寬300mm左右。

在日本建築基準法中，換氣孔的開孔面積規定每5m內要超過300cm²，因此15cm×30cm＝450cm²合於法規。

在換氣孔的背面鋪上細網防止老鼠或昆蟲跑進去，市面上已經有許多金屬或樹脂製的現成產品，用水泥砂漿將這個網子固定住，這時候會將水泥砂漿以向外傾斜的方式塗抹，讓它可以在下雨的時候，使水向外流出。

基礎的斷面圖會因為剖切位置的差異而有不同的表示方式，一般斷面剖切在換氣孔以外的部分時，換氣孔的位置會以虛線來表示（右下圖）；而斷面剖切在換氣孔的部分時，則是像左下圖一樣的斷面圖。

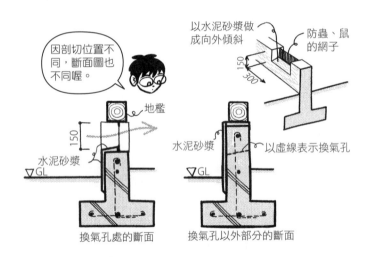

Q 為什麼要在地板下填土呢？

▼

A 為了讓水較不會進入，且溼氣較不會跑上來。

....

在地板下方堆上約50mm厚的土，來源大多是使用地基開挖時挖出的殘土，既可處理殘土又可用來填土。

比GL高50mm可以使得水較不會從外面流進來，因為水是從高處流往低處，所以即使讓土高一點點也好，如果比GL還要低的話，就有可能在地板底下積水。

而且在既有的土壤上再蓋一層土，溼氣較不會往上跑，但使用防濕薄膜或混凝土的效果會比填土更好。

讓水較難進入、濕氣不易上升而鋪設。

▽GL

50

填土

3

基礎・地盤

Q 什麼是墊石？

▼

A 設置在短柱下方，混凝土製的塊狀物。

....

因為1樓的地板下方是土壤，豎立許多根桿件支撐地板是很容易的，而這個支撐地板的桿件就是短柱（日：束或床束）。

但是如果短柱直接插進土裡，很快就會腐爛，再加上建築物的重量，容易陷入土中。因而在短柱的下方設置石頭。

雖然稱為墊石，但現在大部分都是用混凝土製造，大多為長、寬、高各為約200mm 的立方體，在接觸短柱的那面的正中央開一個榫孔，短柱的前端凸起（榫頭）部分就剛好插進榫孔，這是為了防止短柱滑掉、脫落。

墊石的高度為200mm，而露出土面上的為80mm，在土裡面的有120mm，是為了使墊石不會翻轉而埋入土裡。

在墊石的下面還會做碎塊石100mm 加打底混凝土30mm 的處理。因為如果只是把墊石埋到土裡，還是可能會沉陷。

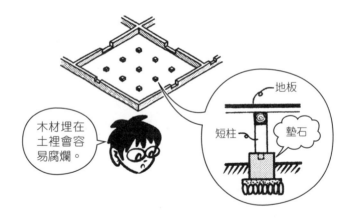

木材埋在土裡會容易腐爛。

地板
短柱　　墊石

Q 什麼是底板混凝土？

▼

A 在土壤上鋪上砂石或碎石等壓實固定，並在其上灌入的混凝土。

底板混凝土中沒有鋼筋，但為了防止龜裂，有時也會放入細鋼筋網，這與鋼筋混凝土不同，沒有結構上的作用。

底板混凝土的日文為土間混凝土，土間正如其名是有土的空間，是舊時民家在雨天時工作、煮飯的場所，此處空間的地板以混凝土鋪設，是底板混凝土的起始。車庫、玄關的地板等也大多會使用底板混凝土。

如果只在地板下填土，濕氣仍然容易侵入，所以常會再鋪上底板混凝土。在鋪上砂石固定後，灌入 50～150mm 厚的混凝土，而因為鋪在地板下的底板混凝土是做為防潮用，所以也稱為防潮混凝土。

也有在砂石上鋪上厚約 0.15mm 的防濕薄膜（聚乙烯製）；或是省略砂石直接在土壤上鋪上防濕薄膜，再澆置混凝土；又或是在地板下排列縱橫的鋼筋，然後澆置混凝土的板，稱為承壓板，這是用來承受土壤壓力的板，功能為將建築物整體的重量傳到土裡，底板混凝土則沒有這樣的功能。

注意，承壓板和底板混凝土有點類似，但是功用完全不一樣。承壓版也兼具防潮功用，是一體成形的強力基礎底面，比底板混凝土更高級的作法。

> 地板下的底板混凝土→防潮
> 地板下的鋼筋混凝土→基礎＋防潮

底板混凝土在結構上是沒有作用的喔。

底板混凝土
（防潮混凝土）

防濕薄膜

50～150

Q 筏式基礎的承壓板的厚度為？

▼

A 約 150～200mm。

....

承壓板就是筏式基礎的底面，用來將建築物的重量分散、傳到土壤裡，並且承受從土壤來的壓力。

承壓板通常會依據建築物的樓層數或重量，還有地盤的硬度來設計。一般厚度為 150 或 200mm，最小厚度也有 120mm，較厚的則有 250、300mm 的厚度。

混凝土的厚度和基礎牆身、基腳的厚度，還有承壓板的厚度一樣，請記得是略大於或小於 150mm，最小是 120mm，基礎牆身常常使用 120mm，而基腳或承壓板則要避免做成 120mm，應做成 150mm。

> 混凝土的厚度→略大於或小於 150mm

在筏式基礎中澆置混凝土的順序和連續基礎是一樣的：

> 鋪碎塊石→鋪破碎砂石→輾壓→澆置打底混凝土→配筋→組裝模板
> →澆置混凝土

有時也會在打底混凝土上鋪厚 0.15mm 的防濕薄膜，承壓板的上層面會比 GL 高 50mm，是為了避免水跑進去。

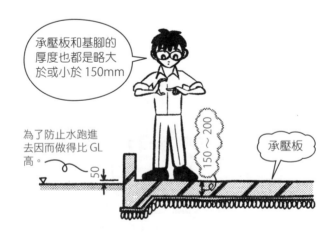

Q 為什麼要在鋼筋混凝土製的承壓板角落配置梁呢?

▼

A 因為只有板的強度不夠,所以需要加上梁做為補強。

如果是大型建築物,不只是在兩側,連中央也會設置梁。加入梁是為了增加板的強度,而有了朝下方凸出的梁,會與土壤更緊密結合,所以多少會增加一點地盤承載力。如同在角落折幾折之後的紙會變得比較堅固的道理,這就是梁的原理。

若在鋼筋混凝土結構或鋼骨結構建築中建造承壓板時,梁則是附加在板的上面。在上述結構的建築裡,承壓板是用來抵抗從下方來的土壤壓力,所以梁設置在承壓板的上面較為合理。但是在木造建築,因為並無承受太大的力,所以就設置在下方。

在木造建築的筏式基礎中,梁設置在承壓板的下方,這樣工程進行時較為方便。如果在承壓板上面有梁凸出來,要同時將混凝土灌入梁的上面和承壓板較為困難,一旦承壓板上層的新拌混凝土凝固,在梁的中間就會出現混凝土的接合點,而如果梁設置在承壓板的下方,將混凝土同時灌入承壓板和梁就變得較簡單。

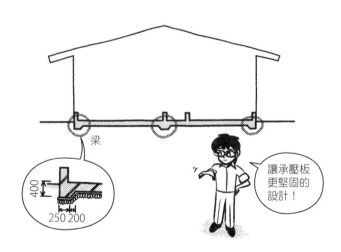

梁

400

250 200

讓承壓板
更堅固的
設計!

3

基礎‧地盤

Q 在筏式基礎內部要如何配置鋼筋呢？

▼

A 如下圖，在基礎牆身的上下方、長軸方向上配置粗的D13鋼筋，在2根 D13中間配置D10，並且縱向配置上端鉤狀彎曲的D10，下部以大彎曲延 伸到承壓板，承壓板則放入網狀排列的D10，其中一邊延伸到梁，並以L 形彎曲和梁相接，使它不會脫離梁。

....

前面的單元曾說過，D13為直徑約13mm的竹節鋼筋（表面凹凸不平的 鋼筋），D10則為直徑約10mm的竹節鋼筋，在基礎牆身的上下方設置2 根D13的粗鋼筋，這與基礎的基腳一樣（請參照R082），因為是主要的鋼 筋，所以稱為主筋。

承壓板以配置縱橫網狀排列的D10來強化。如果需要更強的承壓板則可以 上下配置兩層網狀排列的鋼筋。

網狀排列的鋼筋，會以一邊延伸出來固定在梁上，為了使其和梁的D10纏 繞在一起，以L形彎曲的鋼筋來鉤住，這樣一來，鋼筋比較不會脫落，承 壓板的鋼筋就可以和梁牢牢地固定在一起。

基礎牆身的D10縱筋也和梁纏繞固定住，並且延伸到承壓板，使得基礎 牆身、梁、承壓板形成一體。橫向鋼筋、承壓版的鋼筋間隔為200mm。

　　基礎橫向鋼筋、承壓板的鋼筋→D10 @ 200

這方法是將承壓板、梁、基礎牆身以鋼筋完全纏繞住，相互形成一體的配 筋方式。

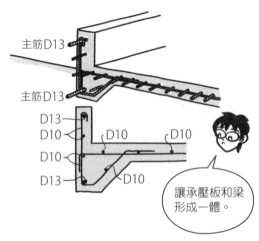

Q 在筏式基礎上，需要設置墊石嗎？

▼

A 不需要。

....

短柱直接設在承壓板的混凝土上，因為承壓板比GL高約50mm，所以不用擔心水會跑上來。又因為混凝土製的承壓板可以直接支承短柱，不用擔心短柱會腐壞。

也就是說，在連續基礎中必要的墊石，在筏式基礎中則不需要。即便是連續基礎，如果有打上底板混凝土時就不需要墊石。

將短柱固定在承壓板或打底混凝土上，是利用預埋混凝土中的錨定螺栓，或在其後使用電鑽開孔以錨定螺栓或混凝土釘來固定。使用金屬製、樹脂製的短柱的情況也逐漸增多。

3

基礎・地盤

> 短柱是直接設立在混凝土製的承壓板上。

短柱

・採用筏式基礎的話，會因承壓板產生堅固的面（面剛性），使1樓地板變得穩固。

Q 配管用套管（sleeve）為何？

▼

A 貫通基礎、牆壁等以用來配管的洞，或是指此處的配管用套管。

Sleeve 的原意是袖子，在此是指為了像袖子一樣，在混凝土上開孔讓管線通過的孔洞。先將塑膠管等在澆置混凝土之前固定好，以便留下配管通道。壁板可以在鋪設後才開孔，但是混凝土上並不容易這麼做，還會不小心切斷鋼筋。不想要讓配管外露時，會將管線藏在承壓板或梁之內。套管的套是指像刀套那樣，在其中讓別的管線通過的管。

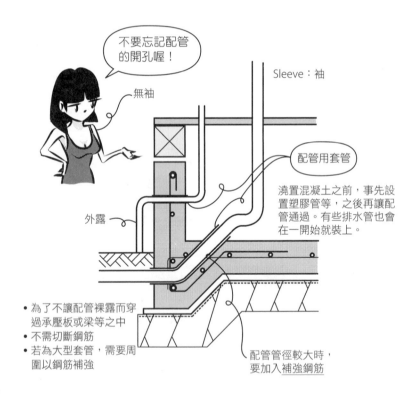

不要忘記配管的開孔喔！

無袖

Sleeve：袖

外露

配管用套管

澆置混凝土之前，事先設置塑膠管等，之後再讓配管通過。有些排水管也會在一開始就裝上。

• 為了不讓配管裸露而穿過承壓板或梁等之中
• 不需切斷鋼筋
• 若為大型套管，需要周圍以鋼筋補強

配管管徑較大時，要加入補強鋼筋

Q 在立面圖上，基礎混凝土頂端的線和1FL的線是同一條嗎？

▼

A 不一樣。

....

FL是floor level的縮寫，指地板高，1FL就是1樓的地板高程。同樣地，2FL就是指2樓的地板高程，和地表高程的GL一起記起來吧！

> GL → ground level：地表高程
> 1FL → 1st floor level：1樓地表高程
> 2FL → 2nd floor level：2樓地板高程

1樓地板是在混凝土的基礎上鋪上地檻，再於其上設置地板格柵，然後鋪設板而成，也就是1樓的地板比基礎頂端還要高，高度為120（地檻）＋45（地板格柵）＋15（板）＝180mm左右，一般而言，1樓地板高為GL＋500mm左右，所以基礎頂端＝500－180＝320mm左右。

> 基礎頂端→GL＋（300～400mm）左右

在初學者繪製的立面圖上，很多人會將基礎頂端的線畫錯畫在1FL的位置。露台落地窗（下緣低至地板的窗）的下方和1樓的FL是一致的，基礎頂端的線應該比落地窗還要矮180mm左右，要注意落地窗的下端和基礎頂端的線不是切齊的！

> 落地窗→和1FL一樣高
> 基礎頂端→比1FL還要低180mm左右

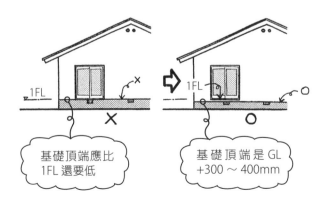

基礎頂端應比1FL還要低

基礎頂端是GL＋300～400mm

3
基礎・地盤

Q 為什麼要在地檻的外側裝上基礎排水鐵件呢？

▼

A 為了防止水從基礎和地檻間的空隙滲入，也做為外牆裝修材的終止邊緣。

基礎排水鐵件是斷面為閃電形狀的細長金屬構件，又直接稱呼為排水鐵件或排水，又因其鋸齒狀的斷面而被稱呼為閃電鐵件。

這個鐵件的功能，是將外牆滴下來的雨水導向外側，而不會進入內側，如果沒有排水鐵件，雨水就有可能滲入基礎和地檻間的空隙。而裝上這個鐵件，即使水跑進了內側，鐵件凸出的部分也可以擋住水，使其不再繼續流進裡面。

有些鐵件在豎起部分的前緣會設計成曲折的形狀，在颱風等強風吹襲下，可避免往上跑的水侵入。

貓地檻處的地檻和基礎是分開的，中間有很大的空間，所以一定要有排水鐵件，如果未裝設排水鐵件，雨水就會被吹進內部。

排水鐵件也有做為外牆裝修材的終止邊緣的用途，終止邊緣就是讓材料的邊緣部分看起來較美觀的細桿件，如此一來外牆的收邊看起來較美觀。在地檻的外牆裝修材最下面一定要裝上排水鐵件。以往是以板金將厚度0.35mm的彩色鋼板彎曲加工製成，現在則已有多種市售品。

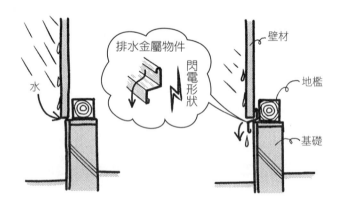

Q 柱子要設置在哪裡呢？

▼

A 牆壁的角落、牆壁長1間以內、門或大窗戶的兩側。

....

首先設置在牆角，不管是L形、T形或十字形的角落，若角落沒有配置柱子的話，牆壁和建築物整體的結構強度就會變弱。

木造建築的柱子基本上都會設置在牆壁裡，以小於1間（1,820、1,818、1,800mm等）的間隔，設置在半間網格上，也有例外的狀況，如在寬廣的房間裡，在空間裡單獨1根。一般6、8、12疊的房間裡，如果有柱子不便使用，所以會把柱子埋在牆壁裡。即使是把柱子設置在牆壁裡，也有像和室一樣，將柱子露出來的情況。

另外，因為門在開開關關的時候會產生力，所以門的兩側也必須要設置柱子補強。雖然用細的間柱也可以支撐，但長期下來仍可能扭斜。同樣地，在大窗戶的兩側、露台上的窗戶（露台窗）兩側也一定要設置柱子。因為窗戶通常的寬度為1間左右，加上開關時的衝擊力道，若沒有設置柱子便容易壞掉。如果是小型窗，只用間柱即可支持。

下圖是6疊大房間的柱子配置範例。學生常會問：在哪裡設置柱子呢？也常常會和鋼筋混凝土造的粗柱混淆，所以在這裡要好好記住木造建築柱子的配置方式。

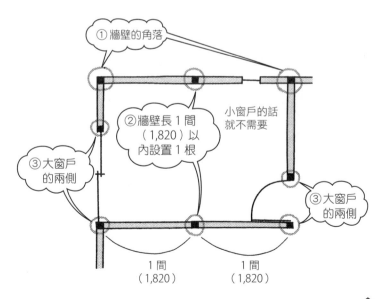

①牆壁的角落

小窗戶的話就不需要

②牆壁長1間（1,820）以內設置1根

③大窗戶的兩側

③大窗戶的兩側

1間（1,820）　1間（1,820）

4

牆壁・軸組

Q 在有寬1間的露台窗（落地窗）、寬1間的收納空間的4.5疊大的簡單平面上畫出柱子的配置。

▼

A 下圖為其一配置範例（有許多不同的配置方式）。

....

 4.5疊就是以1間半為邊長的正方形。

首先畫出半間（910、909、900mm正方形）的網格，在牆壁裡埋入柱子，柱子如前述說明的方式來配置：①牆角；②牆壁長1間以內；③門、大窗戶的兩側。在下圖的例子中，周圍的牆壁總共要設置10根柱子。

如圖面上方的牆壁（長1間半的牆壁），在網格上從右邊的柱子算起1間的地方設置柱子，在這個情況下，設置在右半間的格子上，或者是設置在1間半的中間都沒有錯。

從圖上可以很清楚地知道，在4.5疊大的空間中必須要有10根柱子來支撐，為什麼需要這麼多根柱子呢？這是因為柱子很細的緣故，如果是古代寺廟裡使用的粗大柱子，就只需在4個角落設置共4根柱子就好。但現代木造建築住宅中，常用便宜的細柱來組裝，所以必須設置很多根柱子，同時為了防止牆壁會歪斜成平行四邊形，還需加入斜撐使牆壁更堅固。

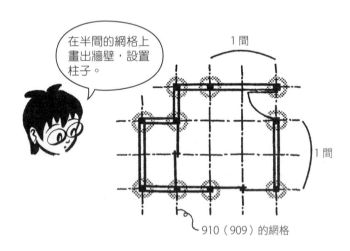

Q 如何在比例尺 1/100 的平面圖上畫出柱子和牆壁？

▼

A 牆壁為 2 根粗線，而柱子則與牆壁等寬以同樣的粗線畫出正方形。

如左下圖，在柱子的 2 側釘上壁材是一般建造牆壁的方法，而由於牆壁的厚度包含壁材，所以應該比柱子還要寬。

但實際繪製時就會發現，1/100 的平面圖是非常小的圖面，105mm 見方的柱子也只有 1.05mm。

若牆壁的厚度是 120mm，1/100 就是 1.2mm，畫出 1.2mm 厚的牆壁後，再畫出尺寸稍小的 1.05mm 見方的柱子是沒有意義的，所以就依照牆壁的厚度來畫出柱子即可。

牆壁的厚度＝ 120mm → 1/100 的比例為 1.2mm

4

牆壁・軸組

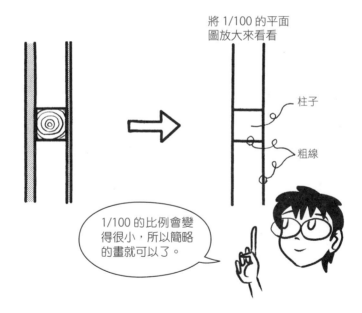

將 1/100 的平面圖放大來看看

柱子

粗線

1/100 的比例會變得很小，所以簡略的畫就可以了。

Q 什麼是層間柱？

▼

A 在每個樓層接續的柱子。

....

 從1樓直達最頂樓的柱子稱為通柱，而在每個樓層接續的柱子則為層間柱。

> 層間柱→同於每個樓層高的柱子
> 通柱→從1樓直接連接到最頂樓的單一根柱子

雖然通柱在結構上的支撐能力會比較強，但如果全都使用通柱，在費用以及平面設計上都不允許。所以架設層間柱，並於其上設置橫材，橫材的上方再豎起層間柱，通常會以這樣接續架設的方式來建造。

設在每層樓的柱子為層間柱。

層間柱

通柱

・ 因為橫材會與通柱的中央的兩側接合，加大了接合處的斷面缺損。不用通柱而以層間柱與金屬扣件來補強，在其上架設橫材的方式也在增加之中。

Q 什麼是橫架材?

▼

A 連接層間柱柱頭的橫材。

....

🔲 豎起1樓的層間柱後,於其上安裝稱為橫架材的橫材,然後再設置2樓的層間柱,因為是由橫向插入來做為支撐,所以稱為橫架材。

    1樓的層間柱→橫架材→2樓的層間柱

橫架材設置在外牆上端圍繞整個周圍,同樣在內部牆的上端也必須要設置橫架材,如果沒有橫架材的話,1樓柱子會搖搖晃晃的,無法架設2樓的柱子,在固定梁時也會有問題,也就是說,1樓的牆壁上全都要設置橫架材。

橫架材在間隔1間以內有設置柱子的情況下,斷面容許範圍為105～120mm見方的大小;而在1間寬以上的窗戶上有設置梁的時候,就需要更大的斷面。最好以120mm×210mm、120mm×270mm、120mm×300mm的木材在所有牆壁上環繞設置,是較堅固的結構。

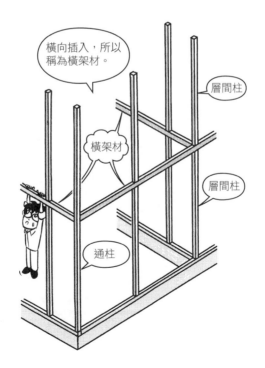

橫向插入,所以稱為橫架材。

層間柱

橫架材

層間柱

通柱

4

牆壁・軸組

Q 什麼是簷桁條（日：軒桁）？

　　▼

A 在靠屋頂屋簷處，連接柱頭的橫材。

在2樓柱子頂端設置的橫材，不稱為橫架材而稱為簷桁條。平房的1樓，在屋簷側設置的橫材有支撐屋頂的功能，因而稱為簷桁條。

簷桁條也可稱為桁架，垂直桁架的橫材就是梁。也有將不是在牆壁上，而是只有在空間上架設的橫材才稱為梁的。但在木造建築中，逐漸將和桁架垂直相交、連接柱頭部分的橫材泛稱為梁。

　　屋簷側的橫材→簷桁條、桁架
　　和桁架垂直相交的橫材→梁

連接柱頭的橫材除了梁和桁架外，還有一種日文中稱為地回的簷桁條。鋼筋混凝土結構、鋼骨結構建築中，所有的橫材都稱為梁。

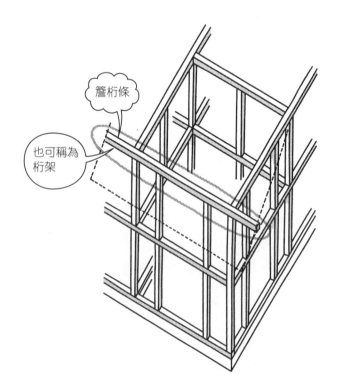

簷桁條

也可稱為
桁架

Q 矩計圖（斷面詳圖）上，在屋簷側的壁心上會畫出斷面的橫材為？

▼

A 由下往上為地檻、橫架材、簷桁條。

....

矩計圖的矩是直角的意思，也就是計算直角方向及高度方向的圖 。在矩計圖上最重要的是地檻、橫架材、簷桁條等橫材的斷面尺寸和高度，圖上畫有這些橫向的主要結構材要以多大的構材設置在何處，及各部位的高度、表層處理等各式各樣的資訊，只看矩計圖便可知道建築物的各式尺寸。

一般是從窗戶的地方縱向剖切，畫出從側面可以看到的樣子。這個時候地檻、橫架材、簷桁條就會是斷面，因為是結構材的斷面，輪廓用粗的斷面線來畫，而在內部則以細線加上符號 ✕，所以，先牢記在牆壁裡設置的重要橫材，地檻、橫架材、簷桁條的名稱吧！

　　牆壁裡的橫材：地檻→ 橫架材→ 簷桁條

然而在矩計圖中的柱子不是斷面，而是可看到裡面的可見處，所以矩計圖中的橫材是斷面，柱子是可見處。

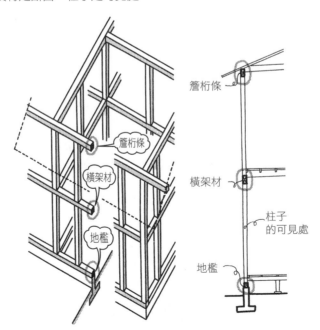

4

牆壁・軸組

Q 地檻、橫架材、簷桁條的斷面尺寸為？

▼

A 地檻：120mm×120mm

橫架材：120mm×120mm（120×150、120×180、120×210……）

簷桁條：120mm×120mm（120×150、120×180、120×210……）

....

請記住地檻、橫架材、簷桁條等橫材的最小尺寸為120mm見方，地檻一般都為120mm見方。

為什麼橫架材、簷桁條需要這麼多不同的尺寸？這是因為它們會根據與梁銜接的方式或梁的大小等因素而有所不同。若梁銜接在柱子上，不需要使用太粗的橫材；但當梁是設在柱子和柱子之間，特別是大梁跨在大窗戶的上方時，就必須要使用粗大的橫材，這是因為梁的重量必須由橫材來支撐。

雖然橫架材、簷桁條最小的尺寸為120mm見方，但最好採用尺寸120mm×150mm或120mm×210mm的木材，並在所有外牆上環繞一圈，會是比較堅固的結構。

在這裡複習一下柱子的尺寸吧！在普通的木造建築中，層間柱為105mm見方，通柱為120mm見方，在經費充裕的情況下，建議全部的柱子都使用120mm見方。

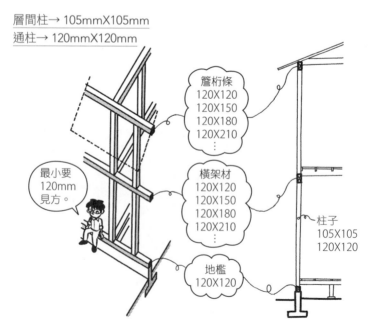

層間柱→ 105mmX105mm
通柱→ 120mmX120mm

簷桁條
120X120
120X150
120X180
120X210
：

最小要
120mm
見方。

橫架材
120X120
120X150
120X180
120X210
：

柱子
105X105
120X120

地檻
120X120

Q 柱子和橫架材的橫向接合是如何固定的呢？

A 一般以榫接來固定。

如下圖，榫接就是在柱子前端削切出一個凸起的形狀，並在橫架材上挖一個孔，讓柱子的前端可以插進這個孔來固定的橫向接合。凸起的一方稱為榫頭，而被插入的孔則稱為榫孔，萬用的橫向接合被使用在木造建築的各處。

柱子和地檻，柱子和橫架材，柱子和簷桁條等一般都是用榫接方式來固定，梁銜接柱子的地方，除了榫接之外還需要做其他的橫向接合。

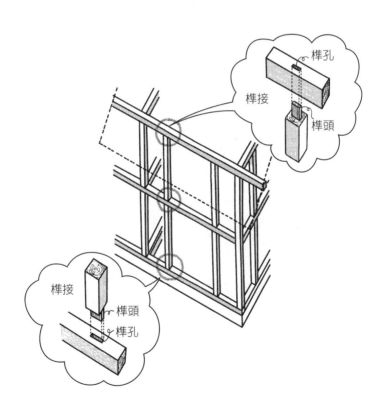

4

牆壁‧軸組

Q 什麼是扇形榫接？

▼

A 榫頭斷面是扇形（梯形）的榫頭。

....

🔳 角落的柱子和地檻橫向接合時，常常使用扇形榫接。讓地檻外側的榫孔變窄一點，用來避免地檻的強度變弱，也就是為了使地檻的斷面缺損少一點，而將榫頭做成扇形。

榫頭稱為公榫，榫孔則稱為母榫，順便把這個記下來吧！

    榫頭→公榫
    榫孔→母榫

是扇形斷面的榫頭喔！

扇形
榫頭

為使地檻不會損傷，而做得比較窄

Q 柱子要如何不用榫頭而以金屬扣件固定？

▼

A 在地檻加上管狀鐵栓、板鐵等，柱子插入後可從側邊釘入插銷固定。

滑移插銷工法是指以金屬扣件與插銷來組裝的方式。金屬扣件事先在預切工廠加工裝上，在工地施工時只要將插銷敲入來組裝即可。地檻斷面的缺損比榫接方式更少。

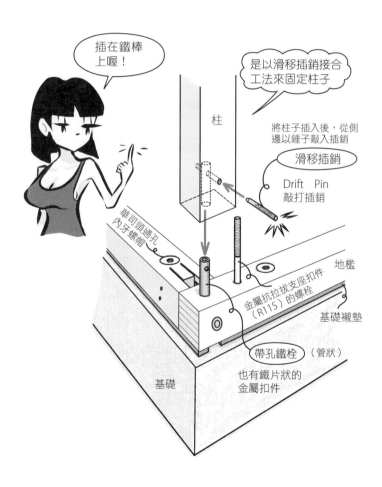

插在鐵棒上喔！

是以滑移插銷接合工法來固定柱子

柱

將柱子插入後，從側邊以錘子敲入插銷

滑移插銷
Drift　Pin
敲打插銷

華司頭埋孔內牙螺帽

地檻

金屬抗拉拔支座扣件
（R115）的螺栓

基礎襯墊

帶孔鐵栓　（管狀）

基礎

也有鐵片狀的金屬扣件

4
牆壁・軸組

Q 將層間柱固定在橫材上時使用的金屬扣件為何？

▼

A 使用山形鐵板、尺板鐵、T形的帶刺金屬扣件等。

....

柱子和橫材僅用榫接的話容易脫落，在105mm見方、120mm見方等細柱子上沒有釘上金屬扣件的話是很危險的。

帶刺金屬扣件有L形和T形，固定角落的柱子時會使用L形的帶刺金屬扣件等。

符合財團法人日本住宅木材技術中心標準的金屬扣件會加上特殊記號，在梁柱構架式工法的金屬扣件上加上Z-MARK，在2×4工法的金屬扣件上則是加上C-MARK。

　　　　梁柱構架式工法的金屬扣件→ Z-MARK
　　　　2×4 工法的金屬扣件→ C-MARK

山形鐵板

尺板鐵

帶刺金屬扣件
（細長薄木）

在細小軟弱的梁柱上釘上金屬扣件較為安心。

短冊
（細長薄木）

注：短冊為細長的薄木板，常用來寫字等。在此是指像是短冊般的金屬扣件，也就是尺板鐵。

Q 什麼是<u>金屬抗拉拔支座扣件</u>？

▼

A 將柱子直接固定在基礎上的金屬扣件。

柱子一般是固定在地檻上，地檻則是以錨定螺栓固定在混凝土製的基礎上，但是柱子和基礎並沒有直接以金屬扣件連結。

由於在阪神大地震中發生多起通柱鬆脫、倒塌的事故，所以地震過後改成在通柱上使用金屬抗拉拔支座。

事前先在基礎裡埋入直徑16mm（M16）的錨定螺栓，以錨定螺栓固定金屬扣件，這個金屬抗拉拔支座再以3根螺栓固定在柱子上，就變成通柱越過地檻直接連在基礎上，不用擔心會與基礎分離了。

金屬抗拉拔支座有hold down（柱腳栓釘），也就是往下壓固定的意思，柱子就是被螺栓拉往下壓，靠著基礎固定。

在圖中，金屬抗拉拔支座被設置在與地檻有點距離的位置，這是因為在角落常常會設置斜撐，所以以這個方式來防止斜撐和金屬扣件卡在一起。

4

牆壁・軸組

Hold down，
往下壓固定

金屬抗拉拔支座

往下壓固定

Q 什麼是<u>彎折金屬扣件</u>？（日：矩折れ金物）

▼

A 折曲成直角形的金屬扣件。

· ·

矩是畫直角或方形用的曲尺，彎折金屬扣件就是被折曲成直角形的金屬扣件，用在補強通柱和橫材上，在轉角處的外側貼著轉角兩邊釘上彎折金屬扣件。

帶刺金屬扣件為 L 形、T 形的平坦金屬扣件，很容易和彎折金屬扣件混淆，要多多注意。

　　彎折金屬扣件→折曲成直角形的金屬扣件
　　帶刺金屬扣件→ L 形、T 形的平坦金屬扣件

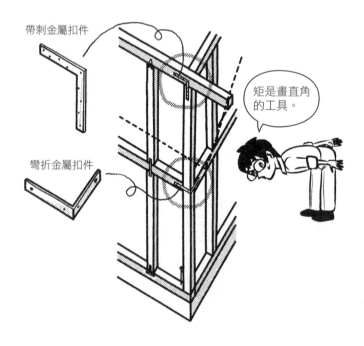

帶刺金屬扣件

彎折金屬扣件

矩是畫直角
的工具。

Q 什麼是<u>魚尾板螺栓（夾板螺絲）</u>？

▼

A 魚尾形狀的螺栓。

．．

經常使用於固定垂直相交的材料，如梁以橫向接合的方式榫接在簷桁條上後（請參照R190），再以魚尾板螺栓使其相互緊結不脫落。

用兩個螺絲穿過魚尾板上板部位的孔，將其安裝在梁上，而魚尾板的桿狀部分則等同於直徑12mm（M12）的螺栓，以此穿過簷桁條到另一端，並以螺絲帽固定。魚尾板螺栓有時也會使用來將層間柱固定在橫架材上。

當螺栓或螺絲帽凸出簷桁條外，會影響外部裝潢時，處理簷桁條上凸的螺栓部分，會以稍微挖掉一些木材的方式，讓螺栓的頭可以藏在簷桁條內側。這種為了隱藏金屬扣件而挖洞的方式在日文中稱為座雕，因為是在螺栓、螺絲帽等的座位處雕鑿。

<u>魚尾板螺栓→使垂直相交的木材相互緊結的螺栓</u>

魚尾板螺栓

羽子板形狀的螺栓喔！

カン

4

牆壁・軸組

Q 梁在設計上直接外露時，該如何隱藏魚尾板螺栓？

▼

A 將魚尾板螺栓鎖在梁之上，或使用螺栓加螺帽、暗釘、滑移插銷工法連接梁的金屬扣件等。

露出魚尾板螺栓不甚美觀，所以設法將金屬扣件隱藏起來，如挖洞隱藏螺帽並蓋住；採用滑移插銷工法只露出釘頭。在地檻上挖掉一小部分以容納螺栓頭的作法，是為了不讓螺栓頭卡到其他構材，再加上蓋子的話就會變得相當美觀。

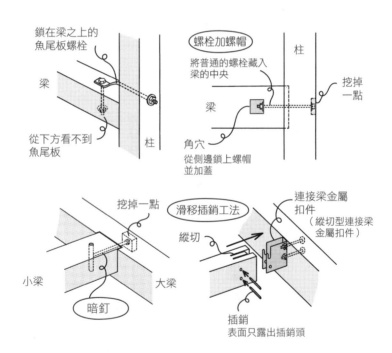

鎖在梁之上的
魚尾板螺栓

梁

從下方看不到
魚尾板

柱

螺栓加螺帽

柱

將普通的螺栓藏入
梁的中央

梁

挖掉
一點

角穴

從側邊鎖上螺帽
並加蓋

挖掉一點

滑移插銷工法

縱切

小梁

大梁

暗釘

連接梁金屬
扣件
（縱切型連接梁
金屬扣件）

插銷
表面只露出插銷頭

Q 什麼是斜撐鐵板？

▼

A 用來把斜撐固定在柱子和橫材上的金屬扣件。

斜撐是為了避免由柱子和橫材組成的外框崩壞成平行四邊形而斜向放入的角材，常用的尺寸為45mm×90mm，也就是將90mm×90mm的柱材分成兩半的斷面形狀。

斜撐→45mm×90mm

以前斜撐是只以長釘固定在柱子或地檻等之上，雖然對抗壓力的能力很強，但若受到張力影響便容易脫落，斜撐鐵板就是用來彌補這個缺點。

如下圖所示，斜撐鐵板是一個長方形切掉角落部分的平坦金屬扣件。切掉角落是為了使其不會和帶刺金屬扣件、魚尾板螺栓等其他金屬扣件相卡，而為了對應斜撐的各種角度，在斜撐鐵板上有許多釘孔，大的孔是用來釘螺栓。

斜撐鐵板一般是固定在外側，但如右上圖所示，也有部分固定在內側的金屬扣件，在這個情況下，因為釘子是從上方釘入橫材，如果受到張力影響很容易會脫落，強度比從外側固定來得低。

4

牆壁・軸組

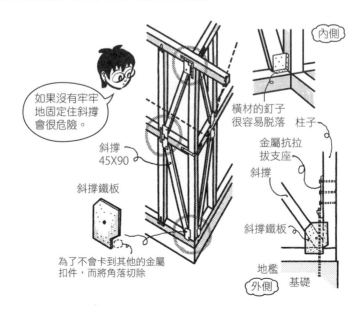

內側

如果沒有牢牢地固定住斜撐會很危險。

橫材的釘子很容易脫落

柱子

斜撐 45X90

金屬抗拉拔支座

斜撐

斜撐鐵板

斜撐鐵板

為了不會卡到其他的金屬扣件，而將角落切除

地檻

基礎

外側

Q 什麼是斜撐的對角線交叉？

▼

A 以 × 形狀置入的斜撐。

 把45mm×90mm 的斜撐以對角線交叉的方式置入牆壁裡做為補強，其支撐力會變成1根斜撐的2倍。

把和服的袖子捲起來時，使用繩子斜向十字形的綁法就稱為對角線交叉，相對於對角線交叉，只有1根的斜撐就稱為單斜撐。

在日本建築基準法中，對於木造建築牆壁的耐震性是以壁倍率訂定，壁倍率為表示牆壁或斜撐可負擔的橫力大小的指標。

置入45mm×90mm 的1根單斜撐時，壁倍率為2倍，而置入45mm×90mm 的斜向交叉斜撐的時候，壁倍率就變成4倍。

> 45mm×90mm 的單斜撐→壁倍率＝ 2 倍
> 45mm×90mm 的對角線交叉斜撐→壁倍率＝ 2×2 ＝ 4 倍

以對角線交叉的方式設置，強度會倍增！

對角線交叉

Q 要如何以合板取代斜撐？

▼

A 鋪設合板時要跨過左右的柱子、上下的水平材，以100mm的間隔釘上釘子。

....

 以大量的釘子將合板釘上的話，就能像斜撐一樣不易脫落，增加能承受橫力的程度。損壞時，為對抗橫力，釘子會折彎或鬆脫，但合板不會破裂。

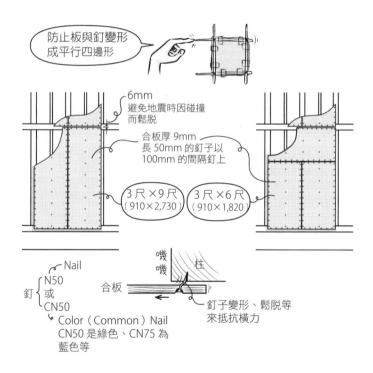

防止板與釘變形成平行四邊形

6mm
避免地震時因碰撞而鬆脫

合板厚 9mm
長 50mm 的釘子以
100mm 的間隔釘上

3尺×9尺
（910×2,730）

3尺×6尺
（910×1,820）

Nail
釘 { N50 或 CN50
Color（Common）Nail
CN50 是綠色、CN75 為藍色等

合板

柱

釘子變形、鬆脫等
來抵抗橫力

4

牆壁・軸組

・ 板材使用結構用合板、MDF（Medium Density Fiberboard：中密度纖維板）等。釘採用長 50mm 的圓鐵釘 N50、較粗的圓鐵釘 CN50（主要用在 2X4 工法），間隔為 100mm（間柱 200mm 間隔）等。依板的厚度、釘的間隔、是否併用斜撐等都有不同的壁倍率。

Q 承重牆在平面上的配置為？

▼

A 同時考慮位置和方向來均衡地設置。

承重牆就是安裝了斜撐或結構用合板，用來抵抗橫力的牆壁，沒有斜撐或結構用合板的牆壁就不是承重牆。

梁的方向稱為梁間方向，桁架的方向稱為桁行方向，一般而言短邊為梁間方向，長邊則為桁行方向。

承重牆必須在梁間方向和桁行方向上均衡配置，特別是應力容易集中在角落處，所以要以承重牆來補強才安全，設置轉角窗戶的時候，窗戶兩側的牆壁就一定要堅固。

在日本建築基準法中有規定壁量，是簡易的結構計算。分別加總承重牆在各方向上的長度，規定這個長度要在一定的量以上，而牆壁的長度是以實際的長度乘上壁倍率，根據承重牆的強度會有不同倍率。所需壁量是以建築物的樓地板面積或牆壁的表面積等來決定，要注意在這算式中，只以整體的牆壁長度來計算，而不管位置等其他因素。

x 方向的（牆壁的長度 × 壁倍率）合計≧必要壁量 *
y 方向的（牆壁的長度 × 壁倍率）合計≧必要壁量

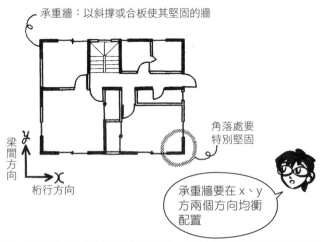

承重牆：以斜撐或合板使其堅固的牆

角落處要特別堅固

梁間方向

y

x

桁行方向

承重牆要在 x、y 方兩個方向均衡配置

· 在承重牆快傾倒時，可能產生拉力的地方會置入錨定螺栓。如果在承重牆旁或端部設置錨定螺栓，就可有效防止其被連根拔起。

* 注：台灣一般稱牆量。

Q 當南側為東西方向的簷廊時，需要注意些什麼？

▼

A 南側的承重牆可能會變少。

. . . .

如下圖，當將南側的採光面積盡可能加大時，就無可避免會讓南側牆壁變少，而只有南側牆壁的強度減弱時，這裡就會成為結構上的弱點。當地震或颱風對建築物施加橫向的力，僅有南側牆壁會變成平行四邊形，建築物因此扭曲變形。

而且，有著綿長簷廊、較少牆壁，又以瓦片搭建成屋頂較重的建築物，會較不耐震，所以早期有長簷廊的住家都必須要非常注意地震。

針對這個問題，南側的牆壁也必須均衡配置承重牆。把窗戶變小是不得已的。想優先以南面採光的時候，有時也會以露出斜撐的方式來配置，並在其外側加框。是將斜撐當作外牆裝飾展現。另外，為了避免露出的斜撐看起來過於粗糙，有時會以9mm左右的鋼筋來做為斜撐，但如此一來，鋼筋就只在張力方向上才有作用。

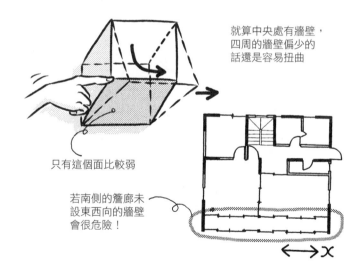

就算中央處有牆壁，四周的牆壁偏少的話還是容易扭曲

只有這個面比較弱

若南側的簷廊未設東西向的牆壁會很危險！

←→X

4

牆壁・軸組

Q 在2樓主要牆壁的下方（1樓）一定要有牆壁嗎？

▼

A 原則上是必要的。

....

在2樓牆壁的下方基本上一定要有牆壁，這樣一來，2樓的牆壁才能由1樓的牆壁來支撐。

較小的牆壁下方沒有牆壁，僅用梁支撐即可；但如果是其中設有多根柱子的大牆壁，其下方沒有牆壁，重量就無法順利往下傳遞。又如果承重牆的下方是空間，會產生R125所提及的結構上的問題。

不少建築的格局會將1樓設計為LDK，2樓為寢室。在這個情況下，1樓會是寬廣的房間，使得2樓的個別房間的牆壁下方，無法建造牆壁，此時，就在LDK裡加入小小的牆壁做為補強即可。如果考慮結構問題的話，2樓設置寬廣的LDK，而下方為並排的狹小房間是較為堅固的設計。在都市型的住宅中，可以試著將日照佳的2樓設計為較寬廣、挑高的起居室，不管在結構上或居住使用上都是合理的設計方案。

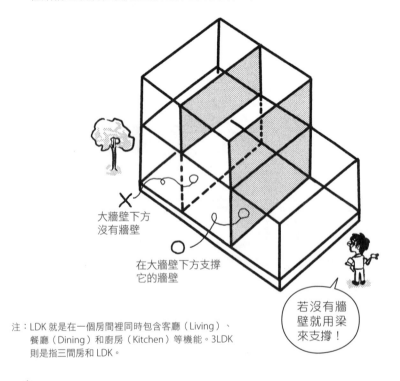

大牆壁下方
沒有牆壁

在大牆壁下方支撐
它的牆壁

若沒有牆
壁就用梁
來支撐！

注：LDK 就是在一個房間裡同時包含客廳（Living）、
餐廳（Dining）和廚房（Kitchen）等機能。3LDK
則是指三間房和 LDK。

Q 在2樓承重牆的下方一定要有承重牆嗎？

▼

A 一定要有。

承重牆的下方若沒有承重牆，如左下圖所示，橫架材將承受極大向下的力，很可能會因此折斷，即使2樓沒事，1樓也一定會毀壞。

牆壁的下方原則上必須要有牆壁，而承重牆的下方則絕對要設置承重牆。上下方的承重牆形成一體，才能發揮其功用。

舉個上方堅固、下方軟弱的結構為例，在底層架空（Piloti）的停車場上方建造房間，在1樓只有柱子，而2樓則有許多堅固牆壁的情況下，1樓的柱子會因應力集中而容易斷裂。也就是頭（屋頂）太重太胖（2樓堅固）、下半身卻軟弱（1樓軟弱）的結構很容易倒塌。

相反地，若1樓承重牆上方沒有承重牆時，則不會怎麼樣。下方堅固、上方軟弱的情況，比起只有上方堅固的建築物，較不用擔心它會倒塌毀壞。

4

牆壁・軸組

承重牆

承重牆

堅固

危險

在承重牆的下方沒有承重牆會很危險！

注：Pilotis（法語）在建築用語中是指2樓以上的建築物，而地上物只剩下柱子（結構材）的建築形式，或是指這樣的結構體。在法語中，Pilotis 是「樁」的意思。

Q 在2樓柱子的下方一定要有柱子嗎？

▼

A 原則上是必要的，但如果只是一部分沒有也沒關係。

像在牆壁下方一定要有牆壁一樣，原則上柱子的下方也要設置柱子。但是可以容許某部分上下的柱子位置不一致，改以橫架材或梁等橫材來支撐上方的柱子。

不過如果太極端地將下方的柱子去除的話，橫材的負擔會加大，結構也會變得較弱。主要的牆壁和柱子在上下層的設置位置要一致，而較小的牆壁或柱子若省略一部分是允許的。

> 承重牆→上下層絕對要一致
> 大牆壁→上下層要一致
> 小牆壁→上下層不一致也可以
> 柱子→上下層要一致，但一部分不一致也可以

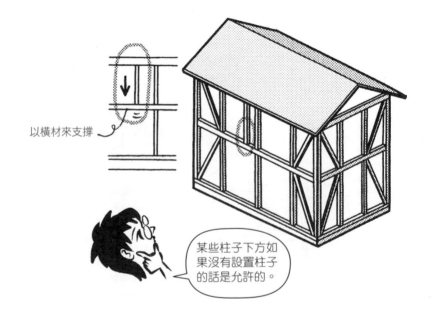

以橫材來支撐

某些柱子下方如果沒有設置柱子的話是允許的。

Q 什麼是間柱？

▼

A 設置在柱子和柱子之間，用來支撐牆壁，約 45mm×105mm 的角材。

因為是設置在柱子和柱子之間，所以稱為間柱。雖然稱為間柱，但不像柱子那麼粗，又因為是 45mm×105mm 或 35mm×105mm 左右的角材，所以不具支撐力。間柱是用來支撐壁板，使其不凹陷或毀壞的木材，以455mm 的間隔設置，間隔如果太長，牆壁可能會彎曲。

柱子和間柱是用來支撐兩側壁板的桿材，而牆壁的內部則為空心，外部牆壁會在這個空間裡埋入隔熱材等材料，內部牆壁則是保持空心。

柱子→ 105mm×105mm、120mm×120mm
間柱→ 45mm×105mm、30mm×105mm

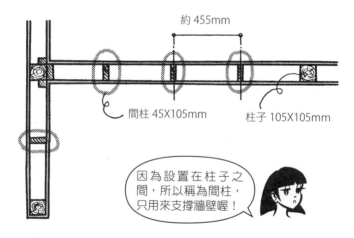

約 455mm

間柱 45X105mm　　　柱子 105X105mm

因為設置在柱子之間，所以稱為間柱，只用來支撐牆壁喔！

4

牆壁・軸組

• 間柱、斜撐、地板格柵、橡木等梁柱以外的次要材料為次要構件，在日文中稱為羽柄材，也有野物材的別稱，是因這些材料都是隱藏不外露的。對比於此，上檻（日文：鴨居）、下檻（日文：敷居）、天花板等表面材在日文中則被稱為造作材。羽柄、野物、造作都是木工用語，請一併記住。

Q 在比例尺 1/100、1/50 的平面圖上，要如何標示間柱？

▼

A 1/100 的平面圖上會省略間柱，而 1/50 的平面圖上，會在斷面的中間畫上一條細斜線來表示間柱。

....

厚度為 120mm 的牆壁，在 1/100 的平面圖上就只有 1.2mm。在這個比例尺的圖面上可省略對結構較不重要的間柱，而以一條粗線標示牆壁，柱子則是以一樣粗的斷面線在牆壁裡畫出正方形來標示柱子。

1/50 的平面圖上則可以畫出更多細節，壁板的厚度也可以用雙線來標示，柱子則在壁板的中間畫成正方形的斷面，並以細線在正方形內畫×表示為結構材，而在 1/50 平面圖上的間柱很小、很難畫×，所以只畫一條細斜線就好，根據不同的比例尺，即使將間柱省略不畫，工匠們都還是看得懂。

　　<u>結構材→×、間柱→斜線</u>

即使在 1/50 的圖上，間柱還是很小，所以也有僅以一條線來標示的簡略方式。

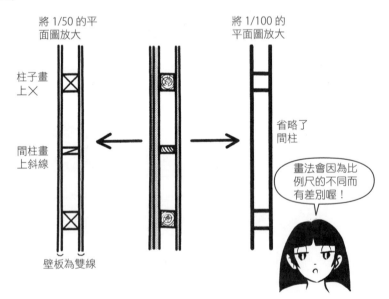

將 1/50 的平面圖放大

將 1/100 的平面圖放大

柱子畫上×

間柱畫上斜線

壁板為雙線

省略了間柱

畫法會因為比例尺的不同而有差別喔！

Q 若斜撐和間柱相互交叉，要在哪一個材料上挖缺口？

▼

A 在間柱上挖缺口，讓斜撐通過並接合。

斜撐是重要的結構材，用來防止柱子和橫材組成的框不至於變形成平行四邊形。如果在斜撐上挖出缺口，地震來時就很可能會折斷，斜撐如果被折斷，建築物就會倒塌。

另一方面，間柱只是為了固定牆壁而設置的輔助材，不用來支撐重量、也不用來抵抗地震力。

在設置斜撐的地方一定會有和間柱交叉的情況，而在這個時候就以斜撐為主，在間柱上挖出缺口來解決。因為間柱只用來支撐壁板，只需以釘子固定在斜撐或上下方的地檻、橫架材、簷桁條等橫材上就好。

4

牆壁・軸組

間柱

斜撐優先喔！

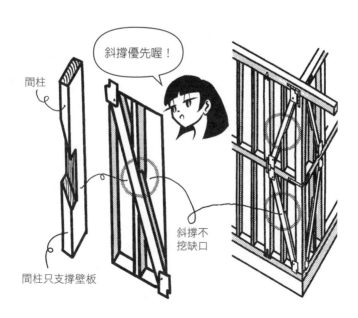

斜撐不挖缺口

間柱只支撐壁板

Q 什麼是<u>地板格柵</u>？

　　▼

A 並排在地板下方的桿件。

....

 在吃完的便當盒上並排筷子，然後蓋上薄薄的蓋子，如此一來，即使在薄
蓋子上放置物品也不會凹陷，這就是地板格柵的原理。

　　同樣地，在木造建築裡，如果只有地板的話，很容易因重量斷裂，所以在
地板下面並排桿件做為補強。而這個讓地板更堅固，在地板下方以等間隔
並排的桿件就稱為地板格柵。

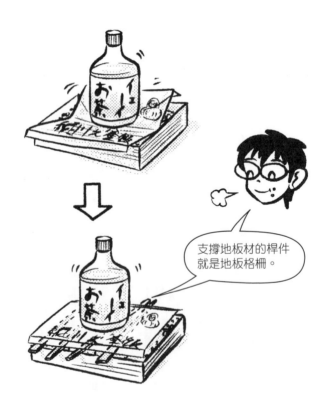

支撐地板材的桿件
就是地板格柵。

Q 地板格柵的斷面尺寸和設置的間隔為？

▼

A 45mm×45mm（45mm見方）、40mm×45mm的粗細，以303mm的間隔來設置。

．．

地板格柵的斷面為45mm×45mm（45mm見方）左右，是用單手就可以握住的角材；有時也會使用40mm×45mm的地板格柵，此時為了使其不易彎曲，會以45mm為縱向。

一般的間隔是將910mm分成三等份的303mm左右，但是在和室等較少放置家具的空間中，也有用455mm的間隔來設置地板格柵的；在擺放鋼琴或大型書架等重物的地方，則會用比303mm密集的間隔來設置地板格柵。將45mm見方的角材以303mm的間隔並排，標示為45×45@303。記住地板格柵為45×45@303。

　　　1樓的地板格柵→45×45@303

雖然在圖面上標示@303，但實際上在工地現場並不會以303mm的間隔來排列，在施工現場會先測量房間的長度，再計算要均分成幾等份，才會讓間隔大小接近303mm來進行工程。

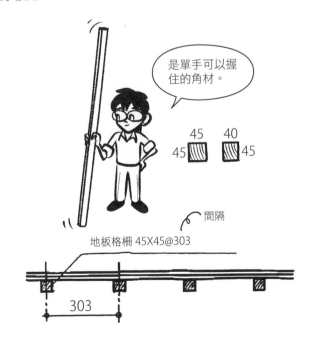

是單手可以握住的角材。

間隔

地板格柵 45X45@303

303

5

1
樓
地
板
組

Q 什麼是封頭格柵（日：際根太）？

▼

A 設置在地板的端部、牆壁的邊緣處的格柵。

因為是設置在地板端部、牆壁邊緣處的格柵，所以稱為封頭格柵。和其他的格柵一樣使用45mm×45mm或40mm×45mm的角材，把封頭格柵稱作格柵也沒有錯，只是封頭格柵在格柵中擔負重責大任，所以另外稱為封頭格柵。

初學者所畫的斷面圖上，常常會忘記畫封頭格柵。如果沒有封頭格柵，地板便會彎曲。靠牆的地方常常會擺放衣櫃或書櫃等較重的家具，也須承受牆壁的重量，如果省略此處的格柵，地板就會壞掉。

不過即使忘記在圖面上畫封頭格柵，施工現場的工匠們也應該會自行設置，因為沒有設置封頭格柵，地板工程便會無法順利進行。

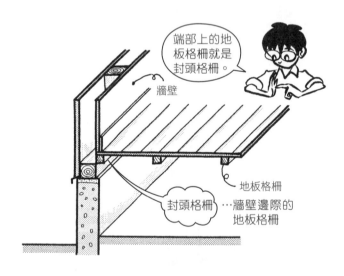

端部上的地板格柵就是封頭格柵。

牆壁

地板格柵

封頭格柵 …牆壁邊際的地板格柵

Q 為什麼即使房間的寬是 303mm 的倍數，地板格柵的間隔也不會剛好是 303mm？

▼

A 因為地檻或封頭格柵等的寬度，使得要配置地板格柵的寬變小。

....

即使圖面上寫著地板格柵為45×45@303，實際上地板格柵的間隔也不會剛剛好是303mm，因為即便房間的寬是303的倍數，地檻的寬120mm或封頭格柵的寬45mm，都會使得整個房間的寬更狹窄一點。

試想，若要在軸線尺寸為909mm的房間裡配置地板格柵，即使二牆中心線相隔909mm，因地檻寬120mm，所以左右兩邊要分別減掉60mm，就變成909－2×60＝789mm，在寬789mm的地板兩側設置45mm見方的封頭格柵的話，封頭格柵間的軸線尺寸則為789－2×22.5＝744mm。

744÷303＝2.455，不能用303整除，這時會把744分成三等份，以248mm為間隔來配置地板格柵；分成二等份，以372mm為間隔來設置也能支撐地板。現在是以較狹窄的909mm為例計算，在6個、8個塌塌米等大小的空間中，也是用同樣方式來決定地板格柵的間隔寬度。

而在地檻上架設地板格柵時，還要減掉柱子或間柱的寬度。會在實際施工時更精細地調整尺寸。地板格柵的間隔不同於樓梯的間隔，大小不需要完全一樣，所以即使圖面上標示@303，與牆壁的軸線尺寸、納入地檻或封頭格柵等構材的寬來計算的尺寸仍會有點差異。

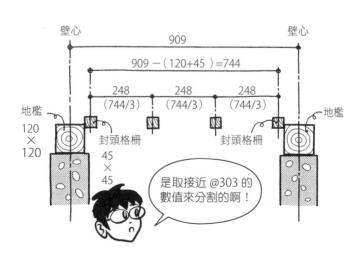

是取接近 @303 的數值來分割的啊！

5

1 樓地板組

Q 和地板格柵垂直相交方向、平行方向上的斷面圖會是如何表示？

▼

A 垂直地板格柵的方向剖切，會是地板格柵並排的斷面圖，而平行地板格柵的方向剖切，地板格柵呈現的是可見處。

因為是垂直地板格柵剖切的斷面圖，所以相當簡明易瞭，會是呈現出地板格柵的斷面並排的斷面圖（下圖A）。

用粗斷面線來畫剖切部分的輪廓線，並在這個斷面上加上斜線來表示其為結構材的斷面。若是柱子或地檻等粗大的構材，則畫上×，做為記號的斜線或×是用細線來畫。在1/10左右的大比例尺圖面上，有時也會在結構材的斷面上畫上年輪。

剖切方向平行地板格柵的斷面圖（下圖B），就只看得到地板格柵較裡面的部分，這個就稱為可見處，可見處的輪廓線是用細線來畫。

> 垂直地板格柵的斷面圖→斷面的形狀→粗斷面線、細的 × 或斜線
> 平行地板格柵的斷面圖→可見處的形狀→細的可見處線

斷面和可見處的線之粗細、強弱分別，在作圖上是非常重要的。初學者的圖面上，因為未能掌握兩者的差異，常常未以粗細來區分，在畫斷面和可見處時要多注意其差別。

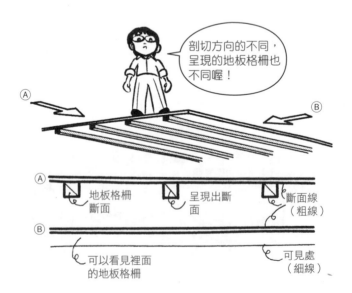

剖切方向的不同，呈現的地板格柵也不同喔！

Ⓐ 地板格柵斷面　呈現出斷面　斷面線（粗線）

Ⓑ 可以看見裡面的地板格柵　可見處（細線）

Q 地板格柵如何固定在地檻上呢？

▼

A 架在地檻上固定住。或者在地檻上挖格柵缺口，地板格柵也稍微挖出缺口，使其與地檻咬合固定，又或者有地板格柵完全不架設在地檻上的方法。

地板格柵直接架在地檻上，地板格柵上層面的高度就變成：

地板格柵上層面高度＝基礎上層面高度＋120mm（地檻高度）＋45mm（地板格柵高度）＝基礎上層面高度＋165mm

因為是在地板格柵上鋪設板材，若想要壓低1樓的地板高時，可以在地檻上挖格柵缺口，地板格柵也挖小缺口搭接，若地板格柵往下咬合20mm，實質上地板格柵的高度就只剩下25mm，所以：

地板格柵上層面高度＝基礎上層面高度＋120mm（地檻高度）＋25mm（地板格柵實際高度）＝基礎上層面高度＋145mm

當地檻上方有柱子或間柱的時候，有可能發生地板格柵無法架設在地檻上的情況，這時就必須要想想別的方法。

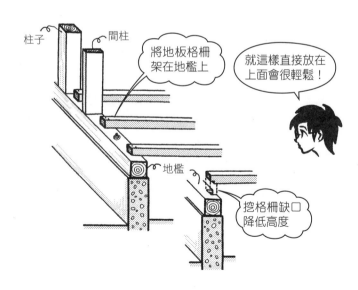

柱子　　間柱

將地板格柵架在地檻上

就這樣直接放在上面會很輕鬆！

地檻

挖格柵缺口降低高度

Q 什麼是墊頭梁？

▼

A 用來擱置地板格柵的尾端，約30mm×90mm的角材。

⬛ 雖然也有將地板格柵架在地檻上的情況，但若要比直接架在地檻上更低或高，或者因被柱子或間柱擋住無法直接架在地檻上時，就會釘上墊頭梁。將30mm×90mm的角材用釘子釘在地檻或柱子上，再於其上架設地板格柵，因為是支承地板格柵的構材，所以也稱為<u>墊頭梁</u>，墊頭梁通常是指2×4工法裡用來支撐地板格柵的金屬扣件，但有時也會將該處的墊頭梁稱為格柵墊條。

　　<u>墊頭梁→在地板格柵下方的支承材……和地板格柵垂直相交</u>
　　<u>封頭格柵→牆壁邊緣的地板格柵……和地板格柵平行</u>

在初學者所繪的矩計圖（斷面詳圖）上，常常會有沒畫墊頭梁和封頭格柵，或者混淆兩者的情形，所以要多注意！

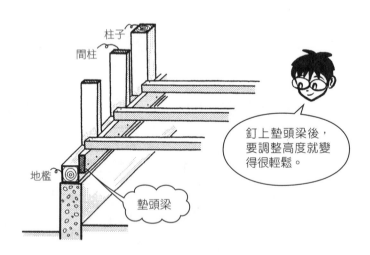

柱子

間柱

地檻

墊頭梁

釘上墊頭梁後，要調整高度就變得很輕鬆。

Q 1. 牆壁邊緣的地板格柵稱為什麼？

2. 支撐地板格柵尾端的材料稱為什麼？

▼

A 1. 封頭格柵。

2. 墊頭梁。

再複習一次封頭格柵跟墊頭梁吧！封頭格柵、墊頭梁是初學者最容易忘記和混淆的部分，用下面的圖來幫助理解，順便牢牢地記住喔！

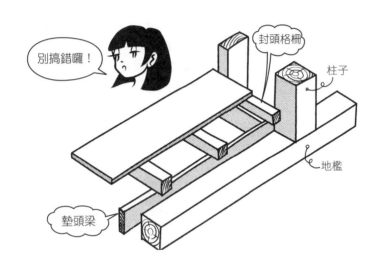

5

1 樓地板組

Q 什麼是地板梁？

▼

A 用來支撐地板格柵，約 90mm×90mm 的角材，垂直地板格柵以約 910mm 的間隔來配置。

 若 45mm 見方的細地板格柵僅跨在兩邊地檻上，很快就會彎曲，因而以 910mm（半間）左右的間隔設置粗角材，從下方支撐細的地板格柵，這個粗的角材就稱為地板梁。

地板梁一般使用 90mm×90mm 的角材，雖然 90mm 見方的角材對於柱材來說算是細的，但仍是不用兩隻手就無法握住的粗度，有時也會看到用 105mm×105mm 的地板梁。

將地板格柵等橫跨架設的尺寸稱為跨距，橫材橫跨時跨越的長度就是跨距。在這裡，地板梁的間隔就是地板格柵的跨距。

地板梁的間隔為半間左右，當建築物的基準尺寸為 910mm 時，就以 910mm 為間隔（@910）、而基準尺寸為 909mm 時，就以 909mm 為間隔（@909）。

地板梁→ 90×90@910

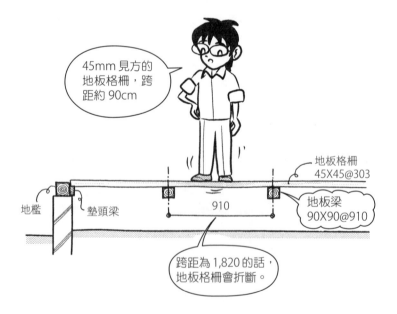

45mm 見方的
地板格柵，跨
距約 90cm

地板格柵
45X45@303

地板梁
90X90@910

地檻　墊頭梁　910

跨距為 1,820 的話，
地板格柵會折斷。

Q 在畫斷面圖時，若改變剖切方向，地板格柵和地板梁要怎麼畫？

▼

A 呈現的是地板格柵的斷面時（下圖Ａ），地板梁就會是可見處；而呈現的是地板梁的斷面時（下圖Ｂ），地板格柵則會是可見處。

 因為地板格柵與地板梁垂直相交，若一方是斷面的話，另外一方就會是可見處。斷面的輪廓用斷面線（粗線）來畫，記號則用細線來畫，在地板格柵的斷面上為斜線，地板梁的斷面上則為×。會呈現在圖面上的內部可見處，其輪廓線是以可見處線（細線）來畫。

構材斷面的粗線和可見處的細線，繪製時請清楚表現粗細以利區別。在初學者的圖面上，常常發生粗細不分的情況，<u>斷面使用粗線、可見處使用細線之區別</u>，要牢牢地記住喔！

　　<u>斷面→粗的斷面線、細的斜線（地板格柵）、細的 ×（地板梁）</u>
　　<u>可見處→細的可見處線</u>

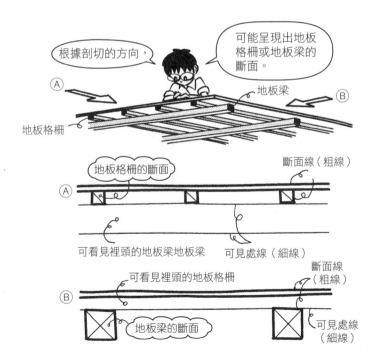

根據剖切的方向，

可能呈現出地板格柵或地板梁的斷面。

地板梁

地板格柵

地板格柵的斷面

斷面線（粗線）

Ⓐ

可看見裡頭的地板梁地板梁　可見處線（細線）

可看見裡頭的地板格柵

斷面線（粗線）

Ⓑ

地板梁的斷面

可見處線（細線）

5

1 樓地板組

Q 如何支撐地板梁呢？

▼

A 從地板梁的下方，以約910mm（半間）的間隔設置短柱來支撐。

使用在1樓地板的短柱，也稱為地板支柱。短柱是與90mm×90mm地板梁相同尺寸的柱材，因為地板梁是以間距910mm並排，所以短柱就要排列成910mm的正方形網格狀。

間距910mm是根據建築物整體的基準尺寸而來的，另外間距也可能是909或900mm。

如果短柱就這樣直接豎立在土壤上，會因為承受重量而沉陷，同時也容易腐爛。而為了不發生這些狀況，會在短柱之下設置稱為墊石的混凝土塊（200mm×200mm×200mm）。在筏式基礎中，因為承壓板是用混凝土建造的，所以可以直接在承壓板上設置短柱。

地板格柵→ 45×45@303
地板梁→ 90×90@910
短柱→ 90×90@910
墊石→ 200mm×200mm×200mm

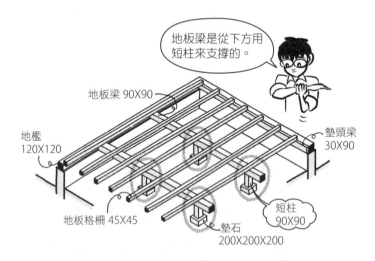

地板梁是從下方用短柱來支撐的。

地板梁 90X90
地檻 120X120
墊頭梁 30X90
地板格柵 45X45
短柱 90X90
墊石 200X200X200

注：在日文裡，「束」就是短的意思；「束間」是短暫的時間；「束柱」則是短柱，通常會把柱省略而直接稱為束

Q 什麼是鋼製短柱？？

▼

A 用鋼製成、可微幅調整高度的短柱現成品。

 木頭製的短柱為將90mm×90mm的角材，決定高度後裁切，之後便無法再調整高度。而現成的鋼製短柱是將螺絲安裝在裡面，只要旋轉螺絲帽就可微幅調整高度。其機制是在最初先決定大概的高度後，將高度鎖定，再以螺絲來微調。

鋼（steel）是在熟鐵（iron）裡加入碳元素使韌性增強的材料，鋼製短柱為了防止鏽蝕會在表面加以鍍鋅。也不像木製品，需要擔心白蟻侵蝕。

在現成品中也有塑膠製的短柱。公寓建築裡，如果要從混凝土地面將地板抬起等，常常會使用塑膠柱或鋼製柱，在木造住宅中也變得較常使用短柱現成品。

在使用現成短柱的情況下，也是以910mm（半間）左右的間隔來支撐地板梁，另外，也是和木製的短柱一樣設置在墊石或承壓板上。

5

1 樓地板組

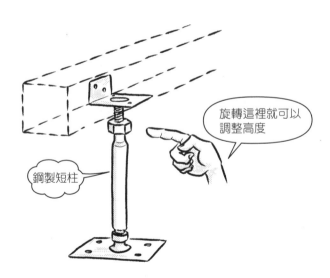

旋轉這裡就可以調整高度

鋼製短柱

Q 什麼是地板加勁材？

▼

A 用來將短柱和短柱固定住，而釘上的約 15mm×90mm 的角材。

用扁平的角材（日：貫）穿過柱子中間，連接柱子和柱子以防止柱子翻轉（倒塌）的構造便叫加勁材，以前的木造建築中經常使用。柱子的貫是在柱子開一個洞，讓貫通過其中，運用在短柱的時候，可以直從旁邊釘上安裝就好。

地板加勁材是安裝在和地板梁垂直相交的方向上。在平行地板梁的方向上，因為地板梁是固定在短柱的頂部，所以幾乎不用擔心短柱會擺動或者是倒下，而垂直地板梁的方向上就要擔心短柱可能會傾倒。另外，如果是長柱的話，兩個方向上都要加入地板加勁材來做為補強。

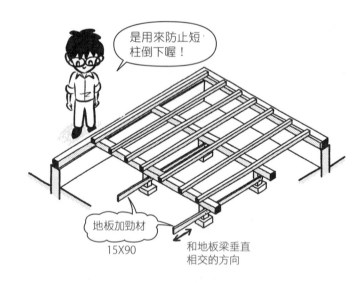

是用來防止短柱倒下喔！

地板加勁材
15X90

和地板梁垂直相交的方向

 支撐地板格柵的構材 單元6

Q 為何使用<u>平腳螞蝗釘</u>來固定地板梁和短柱呢？

▼

A 是為了使兩者不會分離。

....

■ 平腳螞蝗釘就是像下圖的U形釘子，從側邊釘入地板梁和短柱，使兩者不會分離。

平腳螞蝗釘的長度和地板梁的高度一樣為90mm，直徑則為9mm左右，斷面有三角形、圓形等。斷面為三角形的螞蝗釘釘入木頭時，可以更牢牢地固定住。

短柱的切面通常是平坦的，但是有時候也會為了不和地板梁錯開，而將此面削切得凹凸不平。

為了避免構材分離，常常會使用平腳螞蝗釘。柱子接在地檻上的時候，以前也常常使用平腳螞蝗釘，而最近為了使其更緊密連接，會使用金屬抗拉拔支座扣件和山形鐵板。

日本有句諺語：「孩子是夫妻的連心鎖」，是指夫妻間有了孩子便很難分離，也是從這個金屬扣件而來。

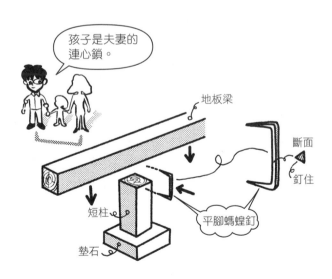

1
樓
地
板
組

Q 寬1間×長2間（1.8m×3.6m）的1樓走廊的地板組該如何設置？

▼

A 如下圖上方所示，地板梁設置在走廊中央的長邊方向上，地板格柵則與其垂直相交設置。

為了便於計算，設定1間等於1.8m。因為地板梁是粗大的木材，所以會想方設法以盡量少用地板梁的方式來設置地板組。如下圖下方所示，在短邊方向上以半間的間隔設置3根地板梁的話，3根等於1.8m×3＝5.4m，所以要有約5.4m長的地板梁，就變成比設置在長邊方向上的3.6m還要長。

將地板梁設置在房間的長邊方向上是慣例。因為將其設在長邊方向上，地板梁的總長度會比較短，地板格柵是比地板梁還要細、還要便宜的角材，所以先決定設置地板梁的方向。

畫上地板格柵、地板梁、地檻的平面圖稱為樓板結構圖。若是1樓的地板，就稱為1樓樓板結構圖。也就是說，把1樓的地板掀起，站在1樓以俯瞰的角度往下看的結構圖，就是1樓樓板結構圖。在樓板結構圖中也會把短柱（×）、柱子（下圖省略）、錨定螺栓（下圖省略）等畫進去。

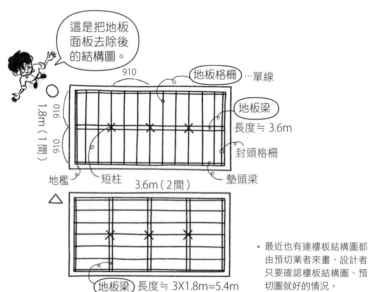

這是把地板面板去除後的結構圖。

910

地板格柵…單線

地板梁 長度≒3.6m

封頭格柵

墊頭梁

地檻　短柱　3.6m（2間）

1.8m（1間）　016　016

地板梁 長度≒3X1.8m=5.4m

• 最近也有連樓板結構圖都由預切業者來畫，設計者只要確認樓板結構圖、預切圖就好的情況。

Q 在1樓為6疊的房間裡（2.7m×3.6m），地板組該如何設置？

▼

A 如下圖，在長邊方向上跨過2根地板梁，和地板梁垂直相交的地板格柵則以303mm 的間隔設置。

將地板梁設置在長邊方向上，地板梁的總長度為2根×3.6m＝7.2m，而若設在短邊方向上的話，則為3根×2.7m＝8.1m，比在長邊方向上還要稍微長了一點。雖然設在短邊方向上也沒有錯，但是一般會設置在可以使地板梁短一點的方向上。

地板格柵的間隔一般為303mm，而在和室中，有時地板格柵的間隔會變成455mm，這是因為榻榻米房間的正中央不會擺放大型家具。45mm 見方的地板格柵以303mm 的間隔設置，是以45X45@303 標示。

若在910mm 的網格上，將其分三等份畫上地板格柵的話，只有在靠近地檻處的地板格柵和封頭格柵的間隔會變得比較狹小。也有一種作法，是只有在房間角落處，以較緊密的間隔排列地板格柵，那是因為在房間的角落上常常會放置家具。

雖然圖面上是這樣畫，但有時也會在施工現場調整間隔大小，使地板格柵剛好等距配置。在這個情況下，地板格柵不會剛好在910mm 的位置上，就算如此，因為作圖麻煩，所以直接將地板格柵畫在910mm 的網格上。地板格柵會通過短柱上有著符號 × 之處。

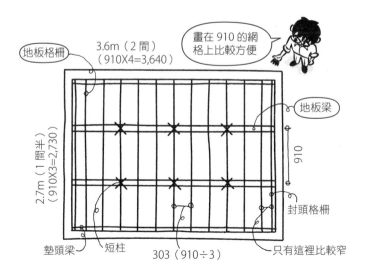

Q 在1樓為4疊半的房間裡（2.7m×2.7m），地板組該如何設置？

▼

A 如下圖，設置2根地板梁（縱向或橫向設置都可以），和地板梁垂直相交的地板格柵以303mm的間隔排列。

....

因為4疊半呈正方形，所以地板梁無論朝哪個方向設置都會一樣長。地板梁的方向與地板格柵的方向幾乎都只考量成本來決定。

也有將稱為走廊地板的薄板連接起來當成地板的作法，當走廊地板沒有鋪底的板時，地板格柵和走廊地板就必須要垂直相交，在這個時候就要以地板格柵為優先，而不是地板梁來決定設置方向。

在8疊的房間也是，因為尺寸是3.6m×3.6m，所以地板梁以哪個方向設置都一樣。

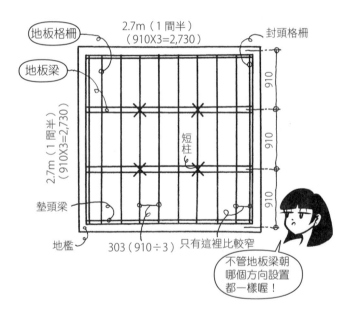

Q 如何組裝2X4工法的1樓地板組？

▼

A 將高度較高的平板狀地板格柵跨在兩側地檻上，以45mm的間隔排列，釘上合板固定。

以455mm的間隔整齊排列寬2寸（實際約38mm）的平板狀地板格柵，釘上合板使水平方向產生面剛性。採用2X4工法獨特的組裝方式，地板格柵的尾端只跨到地檻的一半寬處，並在格柵與格柵之間加上防傾倒的墊片。也有只在1樓採用梁柱構架式工法的短柱、地板梁、地板格柵的地板組作法。因為釘上合板就會產生面剛性，所以不需要水平角撐。

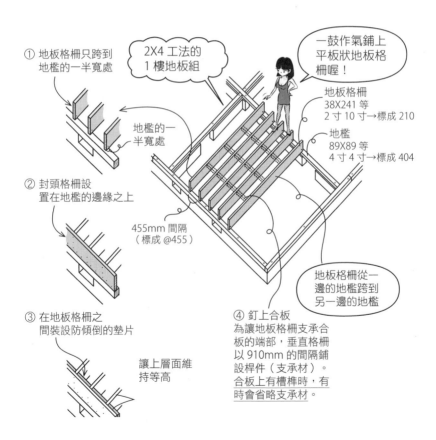

① 地板格柵只跨到地檻的一半寬處

2X4 工法的 1 樓地板組

一鼓作氣鋪上平板狀地板格柵喔！

地板格柵 38X241 等 2 寸 10 寸→標成 210

地檻 89X89 等 4 寸 4 寸→標成 404

地檻的一半寬處

② 封頭格柵設置在地檻的邊緣之上

455mm 間隔（標成 @455）

地板格柵從一邊的地檻跨到另一邊的地檻

③ 在地板格柵之間裝設防傾倒的墊片

讓上層面維持等高

④ 釘上合板 為讓地板格柵支承合板的端部，垂直格柵以 910mm 的間隔鋪設桿件（支承材）。合板上有槽榫時，有時會省略支承材。

5

1 樓地板組

Q 1樓的地板該如何不使用地板格柵組裝呢？

▼

A 將地板梁等橫材以910mm（半間）的間隔組成格子狀，鋪上厚合板，並以150mm的間隔釘上釘子。

....

横材的上層面要像2X4工法那樣做成平坦的面，其上釘上24、28、30mm等較厚的合板。在厚板上釘上釘子可使水平面穩固（面剛性），所以不需要水平角撐。水平角撐會因固定方式減弱其效果，合板因為是用釘的，水平面相當穩固，是很牢固的地板。

這種作法是在梁柱構架式工法中納入2X4工法的優點。因為不用地板格柵，而稱為無地板格柵工法。

無地板格柵 在 910 的正方形網格上架設支承材→釘上厚板

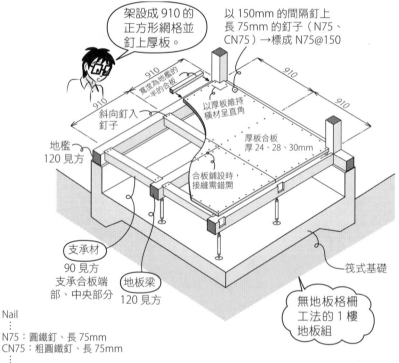

Nail
┆
N75：圓鐵釘、長 75mm
CN75：粗圓鐵釘、長 75mm
┆
Color（Common）Nail 雖是 2X4 工法專用，但梁柱構架式工法也會使用

Q 在1樓的6疊大房間採用無地板格柵工法時的樓板結構圖如何表現？

▼

A 如下圖，120mm 見方的地板梁與90mm 見方的合板支承材組成910mm 的
正方形網格，在其上釘上24、28、30mm 等的厚板。

....

將地板梁以910mm 的間隔設置在長邊方向，支承材則與其垂直同樣以
910mm 的間隔接合在兩側地板梁。無地板格柵工法的特徵，為整體會形
成910mm 的正方形網格。無論是4.5疊或8疊都是類似的組合方式。
地板梁、支承材、地檻的上層面齊平，釘上厚板來創造面剛性。因為錨定
螺栓的頭如果凸出會造成妨礙，所以使用華司頭通孔內牙螺帽（請參照
R086），使地檻的上層面維持平坦。

5

1 樓地板組

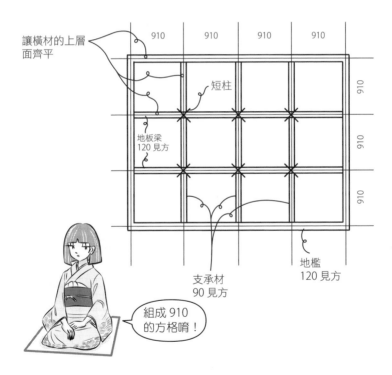

讓橫材的上層面齊平

910　910　910　910

910　910　910

短柱

地板梁 120 見方

支承材 90 見方

地檻 120 見方

組成 910 的方格唷！

・合板的鋪設方向，在 1 樓是與地板梁垂直，在 2 樓是與梁垂直。每塊合板的邊緣各錯開 910mm 錯
拼（日文：千鳥），使脆弱的接縫不會連成一直線。2 樓是以垂直梁的方向錯拼。

Q 如何將角撐地檻固定在地檻上呢？

▼

A 以斜嵌接合來固定。

··

水平角撐是以交角45度設置，使垂直相交的構材可以維持直角，功能為補強用的斜材。而角撐地檻就是指設置在地檻上的水平角撐。設置在2樓的梁、橫架材上的角撐也是水平角撐。

角撐地檻使用90mm×90mm的構材，以直徑12mm的螺栓固定。雖然也有將30mm×90mm的構材用釘子固定的例子，但如此一來維持面剛性的能力會變得相當軟弱，不建議這樣施工。也很常使用鋼製的現成品。

嵌入就是將木材整個斷面埋入其他構材裡（木材保持原樣直接插入）。而斜就是傾斜的意思，就是指將木材的前端斜向插入。

所以斜嵌就是將前端傾斜、木材整個斷面直接插入的橫向接合。使用斜嵌接合後，地檻和角撐地檻就形成一體，地檻的直角也較難變形。

橫向接合是構材和構材以某個角度相交接合，一般為90度接合，但角撐的接合處為45度。

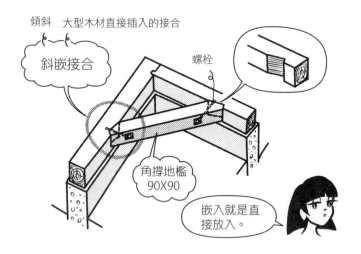

傾斜 大型木材直接插入的接合

斜嵌接合

螺栓

角撐地檻 90X90

嵌入就是直接放入。

Q 地檻的縱向接合為？

▼

A 鳩尾（雁尾）榫接。

 縱向接合就是構材在長軸方向上相互連接。有角度的接合處為橫向接口，而在長軸方向上的接合處就是縱向接口。

> 縱向接口→長軸方向上的接合處
> 橫向接口→有角度的接合處

鳩尾就是前端擴大的梯形榫頭，榫頭是削除構材的前端，使其可以插入另一個構材的部分，也因為像鳩鳥的三角形尾巴，所以被稱為鳩尾或雁尾。以鳩尾來連接的話，在長軸方向上怎麼往外拉都不會鬆開。

鳩尾榫接在日文裡稱「腰掛けあり継ぎ」，「腰掛け」意即「坐」，指的是將兩個構材，切削出剛好相反的凹入與凸出部分，讓一方像是靠坐在另一方上來連接。接合後處於上方的構材以錨定螺栓拴緊，往下壓固定在下方的基礎上，這樣一來下方的構材就不會往上翹起。

因為擁有受壓力不會脫落、也不會向上翹起的優點，所以在地檻的縱向接合上通常都是使用鳩尾榫接。

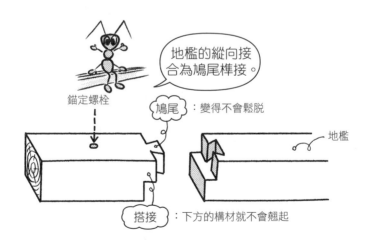

> 地檻的縱向接合為鳩尾榫接。

錨定螺栓

鳩尾：變得不會鬆脫

地檻

搭接：下方的構材就不會翹起

注：日本是將鳩尾看作像螞蟻（あり）的頭，而「腰掛け」是椅子的意思，所以圖左上側才畫了一隻螞蟻坐著。

5

1
樓
地
板
組

Q 什麼是蛇首榫接？

▼

A 如下圖，使用在地檻等地方的縱向接合。

··

地檻的縱向接合通常使用鳩尾榫接，但是也有使用蛇首榫接的時候，蛇首榫接是加工更精密，技術更高的方法。

兩者的不同之處在於榫頭的形狀為鳩尾或蛇首，鳩尾是斜向的梯形向外擴，而蛇首是垂直延伸。在拉張的方向上，蛇首榫接較容易卡住，而就較難被拉開。

也有四方蛇首榫接這種有趣的縱向接合。在柱子的四個面上都可以看到一樣的蛇首，從這個形狀而有了若使用在夫妻寢室的柱子上就會早生貴子的傳說。另外還有類似的榫接方式，就是四方鳩尾榫接。

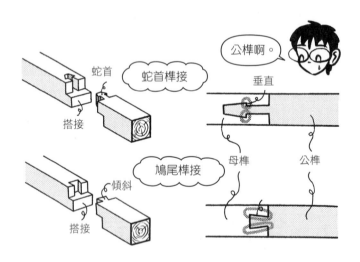

Q 什麼是機械預切（precut）？

▼

A 廣義上來説是事先（pre）切斷（cut），狹義則是指包含縱向接合、橫向接合處都事先在預切工廠以機械切削完成的意思。

．．

縱向接合、橫向接合在從前是由工匠們手工鑿切，現在則漸漸變成事先在預切工廠製作，具有不需高度專業技術、縮短工期、節省經費等優點。

預切的縱向接合、橫向接合的接口，因為是以機械切削，所以會有許多圓弧形的部分，很容易就可以分辨。即使是鳩尾、蛇首的形狀，對機器來説都很容易，因刨削出圓弧狀，相較於雕刀刻鑿所形成的稜角分明的接口，應力、變形等較難集中在某一點上，因此不易破裂，一般來説比手工雕鑿的更持久。

手工的專業技術凋零，取而代之的是機械作業，就像從馬車到蒸氣機關、從手織物到機械織物、從原稿用紙到打字機、從手繪設計圖到CAD設計圖，時代的洪流是無法停止的。我們不應是反對機器，而是應該思考如何順應這些變化，建造出品質更佳的建築物。

5

1

樓地板組

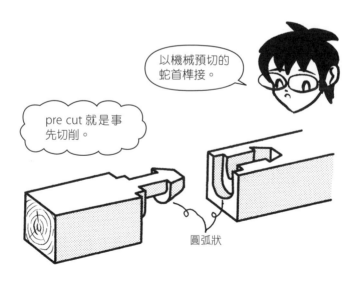

以機械預切的蛇首榫接。

pre cut 就是事先切削。

圓弧狀

Q 縱向接合和橫向接合的相異之處為？

A <u>縱向接合的接口為直線狀</u>，<u>橫向接合</u>的接口則有角度。

這是木造建築的基本用語，要好好記住喔！

在梁柱構架式工法中，木匠們可是對橫向接口、縱向接口充滿了熱情，因為這個部分是否能漂亮接合，大大影響著建築物的完成度。縱向接合、橫向接合是經過幾百年的時間，無數的木匠們反覆嘗試下而發展成熟的技藝，完全不需要金屬扣件就可乾淨俐落地將木材和木材接合成一體的技術。

在2×4工法中只要有金屬扣件和釘即可，而梁柱構架式工法中則是傳承了許多的縱向接合、橫向接合的方式。最近也有以機器事先將縱向接合和橫向接合的接口切削好（precut）的作法，但是機器削出來的形狀也是參考自既有的縱向接合和橫向接合的接口。

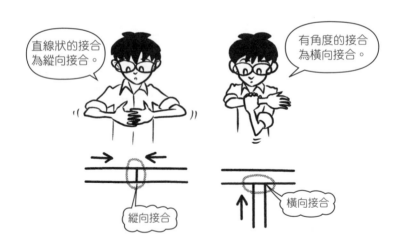

Q 使用在2樓地板的地板格柵，其粗細和設置的間隔為？

▼

A 為45mm×105mm左右的粗度，以303mm（300mm）的間隔設置。

⬛ 1樓的地板格柵為45×45@303，2樓地板格柵為45×105@303。@是表間隔的記號，@303就是以303為間隔的意思。雖然間隔一樣，但地板格柵的粗細卻差很多。

45mm×45mm的角材用單手就可以輕易握住，但45mm×105mm的角材用單手拿會覺得非常重。使用在2樓的地板格柵，是使用約只有柱子的一半粗的角材，首先先記住地板格柵的粗細和間隔吧！

> 1 樓地板格柵→ 45×45@303
> 2 樓地板格柵→ 45×105@303

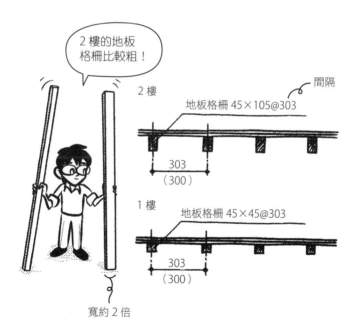

2 樓的地板格柵比較粗！

間隔

2 樓 地板格柵 45×105@303

303（300）

1 樓 地板格柵 45×45@303

303（300）

寬約 2 倍

6

2樓地板組

Q 為什麼2樓的地板格柵比1樓的地板格柵還要粗呢？

▼

A 因為2樓地板格柵的跨距比較長。

....

🔳 在2樓房間地板下的地板格柵是用梁來支撐的。因為房間的中央沒有設置柱子，所以架設梁來支撐地板格柵。梁是粗的木材，價錢較高，所以會少用。一般來說，梁的間隔為1間，所以地板格柵的跨距也是1間。1間長的跨距對 45mm×45mm 的細木材來說太長，所以必須要使用 45mm×105mm的粗大木材。

另一方面，因為1樓房間的地板下是土壤，所以可以設置短柱，也由於是在地板下，設置很多根短柱也不會造成任何妨礙。用短柱來支撐地板梁，再於其上設置地板格柵。地板梁是便宜的構材，可以半間的間隔來設置，跨距為半間長的話，地板格柵只要有45mm×45mm就有足夠的強度了。

2樓地板格柵的跨距為1間，所以需要粗的木材。如果梁以半間的間隔並排的話，就可以使用45mm×45mm的地板格柵，但這樣一來費用就會增加。雖然地板格柵很便宜，但是梁很貴。

> 2樓→地板格柵的跨距＝1間→45mm×105mm
> 1樓→地板格柵的跨距＝半間→45mm×45mm

因為無法設置短柱，而架在梁上！

下方是空間，以梁來支撐

1間

因為跨距長而需要粗的格柵

Q 在畫2樓斷面圖時，若改變剖切方向，地板格柵和梁要如何表示？

▼

A 如下圖，以垂直地板格柵的方向剖切時（下圖Ａ），地板格柵的斷面會是並排的，梁則是可見處的部分，如果以平行地板格柵的方向剖切（下圖Ｂ），地板格柵就為可見處，梁就是斷面。

....

斷面圖就是從某個平面剖切後可見部分的圖，斷面處背後可見的部分稱為可見處。被剖切的材料，其輪廓線以粗線（斷面線）來畫，而背後看得到的部分則以細線來畫。在地板格柵或梁的<u>斷面</u>上，為了可以清楚表現其為結構材，而用細線在地板格柵上加上斜線，梁則是加上×。

若想將斷面和可見處清楚區分開來，繪製時分粗細來畫是很重要的。在初學者的圖面上，常常沒辦法區別斷面和可見處，即使覺得自己已經了解了，但實際畫圖時還是會畫成一樣粗的線。所以初學者要先想像立體的狀態，並在下筆時注意區分粗細來畫。

<u>斷面→粗的斷面線</u>
<u>可見處→細的可見處線</u>

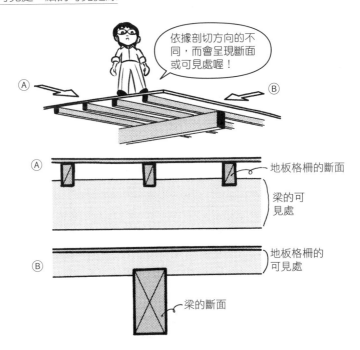

依據剖切方向的不同，而會呈現斷面或可見處喔！

Ⓐ 地板格柵的斷面

梁的可見處

Ⓑ 地板格柵的可見處

梁的斷面

Q 跨距為2間（3,600mm）、1間半（2,700mm）時，梁的尺寸為？

▼

A 分別約為120mm×300mm、120mm×210mm。

梁以間隔1間（1,800mm）並排的話，雖然樹種不同會有些許差別，但通常會使用120mm×300mm、120mm×210mm的角材。<u>梁高（梁的高度）約為跨距的1/12</u>，梁的粗細會因為排列的間隔疏密而改變，一般以1間為間隔來並排。

這樣大小的粗木材需要兩個人才能抬起，在上梁的時候大多會使用起重機。

　　跨距為 2 間（3,600mm）→梁：120mm×300mm
　　跨距為 1 間半（2,700mm）→梁：120mm×210mm

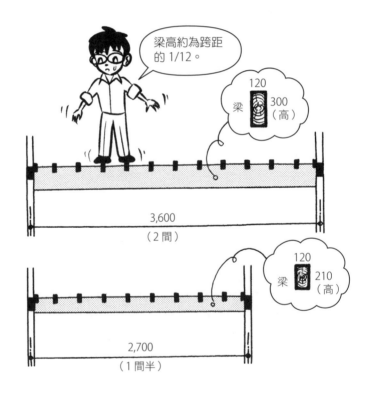

Q 寬1間×長2間（1.8m×3.6m）的2樓走廊地板組為？

▼

A 如下圖，在短邊方向上，用45mm×105mm的地板格柵，以303mm的間隔架設。

‧‧

45mm×105mm的地板格柵可以跨越1間長，當跨距不超過1間的時候，正確的方法就是直接並排地板格柵。

使用用在1樓的45mm×45mm的地板格柵，也可以裝設地板，但是45mm×45mm只能跨過半間的跨距，跨過比半間還長的跨距時，地板格柵會折斷。因此需要在半間的位置上加上梁來支撐，而因為這個梁的跨距為2間，所以必須要用120mm×300mm的粗大木材，也就是説，為了用45mm×45mm的細地板格柵，反而要用120mm×300mm的粗大木材，這是較不符合經濟效益的，所以還是使用45mm×105mm，可跨過1間長的地板格柵較為合理。

$$\underline{45mm×105mm} \rightarrow 跨距\ 1\ 間$$
$$\underline{45mm×45mm} \rightarrow 跨距半間$$

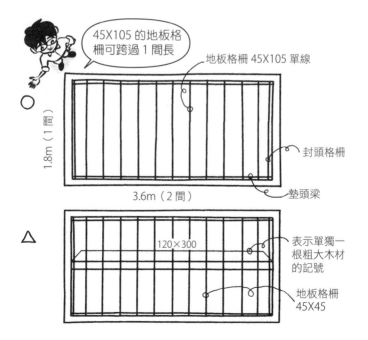

Q 在2樓6疊大的房間（2.7m×3.6m）中的地板組為？

▼

A 如下圖，在3.6m的一半處架上120mm×210mm的梁，45mm×105mm的地板格柵和其垂直相交以303mm的間隔設置。

若要節省工程費用，使用較細的梁是一種必要的選擇。為了使用較細的梁，而把梁架在跨距較短的一方。

<u>短跨距→ 以較細的梁來完工</u>

梁架在3.6m的跨距上時，需要120mm×300mm的木材，所以把梁架在2.7m的短邊上。因為跨距為2.7m時，只需要120mm×210mm的木材。
如果在3.6m的中央處架設梁，地板格柵的跨距剛好為1.8m，是1間長，用45mm×105mm的地板格柵即可應付。
梁的組合方式只要多練習幾次，就可以學會邊查表邊設定，所以不用死記其組合方式。

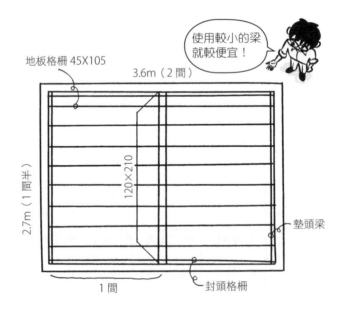

地板格柵 45X105

3.6m（2間）

使用較小的梁就較便宜！

120×210

2.7m（1間）

墊頭梁

1間

封頭格柵

Q 在2樓4疊半（2.7m×2.7m）房間的地板組為？

▼

A 如下圖，以1根120mm×210mm的梁跨過，而和梁垂直相交的方向上，以303mm的間隔設置45mm×105mm的地板格柵。

．．

🧊 120mm×210mm的梁架設在中央或是半間網格上（距離牆壁半間的位置）都可以。

因為梁也可架在橫架材上，所以雖然也能夠架設在中央，但最好還是直接跨在柱子上，可以直接以柱子承重，橫架材等橫材就不需要承受多餘的力。因為柱子常常會設置在半間網格上，所以可參照下圖來畫。

不管是用何種方法來架設梁，只要地板格柵的跨距在1間（1.8m）以內，用45mm×105mm的地板格柵就足夠支撐了。如果只考慮地板格柵，把梁放在中央可以縮短地板格柵的跨距，地板格柵本身就較不容易彎曲變形。

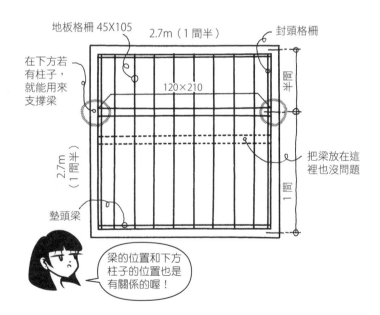

Q 面積8疊（3.6m×3.6m）的1樓、2樓地板組為何？

▼

A 見下圖。

把本單元做為複習，來畫看看8疊的1樓樓板結構圖、2樓樓板結構圖吧！
第一眼會覺得很複雜，但是一邊思考一邊畫，會發現其實畫起來並不難。
先假設柱子的位置，下層的柱子用符號×而該層的柱子則整個塗黑或以
粗的斷面線來標示。柱子為105mm×105mm，也把120mm×120mm的
通柱畫進去，通柱以符號○來標示。
接著畫上水平角撐，1樓的水平角撐稱為角撐地檻，2樓的水平角撐則稱
為水平角撐，是用來建立地板面剛性而設置的90mm見方（或105mm見
方）角材。
1樓的地板格柵用45mm×45m的角材、跨距為半間，2樓的地板格柵
則用45mm×105mm的角材、跨距為1間，並在1樓以半間的間隔設置
90mm×90mm的地板梁，2樓則在中央處設置120mm×300mm的梁。

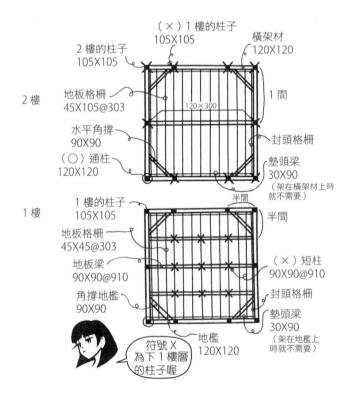

Q 什麼是組地板？

▼

A 在大梁的上面放上小梁，再於其上並排地板格柵的方法。

比方說在尺寸5.4m×5.4m（3間×3間）時，可以考慮用下圖的方法：大梁架在中央，再於其上以1間的間隔設置小梁，也就是將梁以2層疊加的方式組裝，這是考量用在跨距過大的房間中的地板組方法。

只用地板格柵組裝地板的方法稱為格柵地板或單地板，而在梁上架設地板格柵的方法稱為梁地板或複地板，梁以2層組成的方法則稱為組地板。

只有地板格柵→格柵地板、單地板
地板格柵＋梁→梁地板、複地版
地板格柵＋小梁＋大梁→組地板

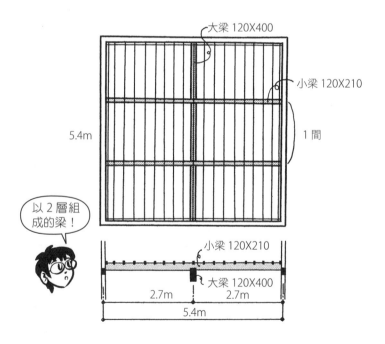

以2層組成的梁！

6

2 樓地板組

Q 如何固定2樓的地板格柵和梁？

▼

A 如下圖，使用勾齒搭接等的橫向接合來固定。

 勾齒搭接常常使用來固定垂直相交的橫材。在大梁上架設小梁的時候，也用勾齒搭接來固定。

如下圖，是將兩個材料相互鑲嵌，來固定上方材料的橫向接合。跨在下方的材料之上，像勾住牙齒一樣，所以稱為勾齒搭接。

銜接地板格柵的時候，接合處會在梁的中間，以勾齒搭接將地板格柵鑲嵌入梁中，並從上面釘釘子牢牢地固定，讓兩個橫材形成一體。

梁彎曲的時候，下方承受張力（伸長），上方則承受壓力（縮短），若在梁的下方挖缺口比較危險，在上方挖缺口的話，在某種程度下還允許，並且因為地板格柵是剛剛好完全鑲嵌進梁的缺口中，所以在結構上是堅固的。

以勾齒搭接的方式固定地板格柵的話，就不用擔心地板格柵往旁邊倒下或偏移，如果沒有使用橫向接口，地板格柵直接架在梁的上方只以釘子固定，則地板格柵很有可能會傾倒，這個時候為了不讓地板格柵倒下，就需另外釘上與地板格柵垂直相交的材料。

以勾齒搭接來接續的話，地板格柵會稍稍往下沉，如此一來，還能壓低天花板內部的高度。

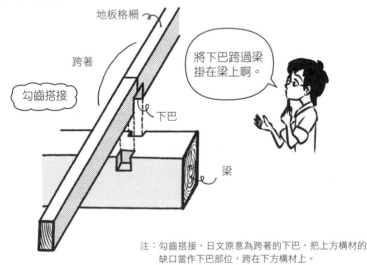

注：勾齒搭接，日文原意為跨著的下巴，把上方構材的
　　缺口當作下巴部位，跨在下方構材上。

Q 如何將2樓的梁固定在柱子上？

▼

A 使用斜嵌榫接等的橫向接合，並以U形鐵螺栓固定之。

 斜，意指材料的斷面是斜的，將柱子切成斜面，在此架上梁，是讓梁不會脫落的辦法。

這個時候為了讓梁不會向兩旁偏移而使用榫接，再為避免脫落而裝上U形鐵螺栓，也可以在橫架材上裝上魚尾板螺栓固定之。

如下圖，雖然只在柱子上加梁，但在遇到層間柱之處時，會將橫架材和柱子一起削切出凹處以斜嵌接合。

梁以這種方式固定在柱子上為最佳的方法，但也有底下沒有柱子的情形（如在窗戶上方），要盡可能地避免在窗戶等部位上方設置梁，即使是增加柱子的數量，梁與柱子相接仍是較安全的方法。

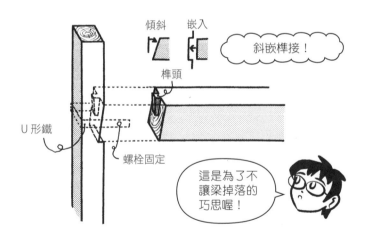

6

2樓地板組

Q 如何將2樓的梁固定在橫架材上？

▼

A 如下圖，以滑齒搭接等橫向接合來固定，並用尺板鐵等來補強。

只用勾齒搭接也可以設置，但在梁的內側方向上容易鬆脱，所以設置滑坡，滑坡就是朝外側傾斜的形狀，因為是朝向外側，內側就較難鬆脱。

有時為了增加榫接的緊密程度，也會在滑齒的前端使用鳩尾的形狀（倒梯形），從上方壓下榫接後，鳩尾的形狀就可以防止兩者分離。

在1樓層間柱上設置橫架材，再於其上設置梁，接著往上架設2樓時，也使用這樣的橫向接合，如此一來就不是架在柱子上，而是架在橫架材上。因為是架在橫架材上固定，所以沒有柱子的地方也可以設置梁，但會增加橫架材負擔，這時就得在橫架材下方加上補強的材料。窗戶上設梁的話，是以滑齒搭接在橫架材上固定。如果要讓無地板格柵等作法的橫架材的上層面與梁的上層面齊高，橫架材要比梁更粗大，並使用嵌入鳩尾搭接加魚尾板螺栓（請參照R170），或連接梁金屬扣件來連接固定。

架設在橫架材上→滑齒搭接
從側邊跨在橫架材上→嵌入鳩尾搭接加魚尾板螺栓、連接梁金屬扣件
架在柱子上→斜嵌榫接

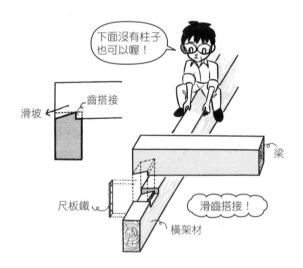

Q 在層間柱＋橫架材上，如何從側邊固定梁？

▼

A 如下圖，以斜嵌榫接等橫向接合來固定，並用U形鐵螺栓來栓住。

....

這情況和將梁固定在柱子上是一樣的，將橫架材和層間柱一起斜向切削，並在此處架上梁，而為了防止梁會脫落，採用U形鐵螺栓栓住。

為了固定1樓和2樓的層間柱，橫架材的橫向接合變得相當複雜，在上下方各挖榫孔，再將榫頭插入。

這個作法是將梁從側邊附加在柱子上，以柱子為主的方法。

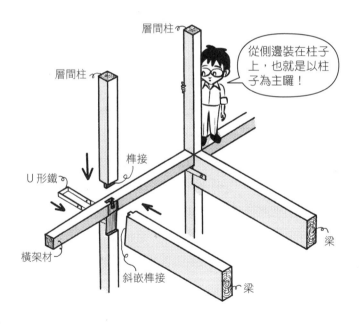

層間柱

層間柱

從側邊裝在柱子上，也就是以柱子為主囉！

榫接

U形鐵

橫架材

斜嵌榫接

梁

梁

6

2樓地板組

Q 如何固定架在層間柱＋橫架材上方的梁？

▼

A 如下圖，在橫架材上方以<u>滑齒搭接</u>等的橫向接合來固定梁，2樓的<u>層間柱</u>
　　則以<u>扇形榫頭</u>固定在梁的上方，再用長的<u>尺板鐵</u>來補強。

....

因為梁在橫架材之上，所以上方的柱子就必須固定在梁上，相較於普通的
榫頭，扇形榫頭較不會損及梁，因為扇形較小那端往前的話會讓榫孔變
小，梁的斷面缺損也就會變小，這個方法是比起柱子更以梁為主的組合方
式。以梁為主或是如前一單元以柱子為主，是根據不同的狀況來選擇。
另外還有在梁的上方設置橫材（稱為<u>台輪</u>），再於其上設置柱子的方式。

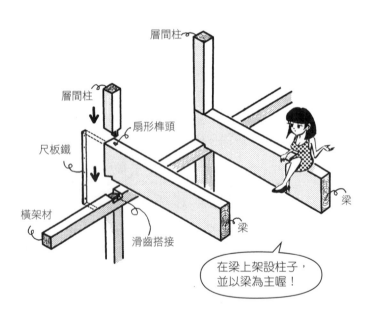

在梁上架設柱子，
並以梁為主喔！

Q 什麼是反腳螞蝗釘？

▼

A 如下圖，為了不讓垂直相交的木材錯開分離而釘上扭曲的螞蝗釘。

....

一般的平腳螞蝗釘為U形的金屬扣件，但反腳螞蝗釘是扭轉成直角的。在高度不一致的位置 ，要接合垂直相交的木材時，適合使用扭成直角的反腳螞蝗釘。用於將梁和橫架材、小梁和大梁等垂直相交的構材釘在一起。固定粗大的木材時，在其兩側釘上反腳螞蝗釘。於兩側固定時，反腳螞蝗釘的扭轉方向是相反的。反腳螞蝗釘又分為朝右扭轉和朝左扭轉兩種。

　　平腳螞蝗釘→地板梁－短柱等
　　反腳螞蝗釘→梁－橫架材、小梁－大梁等

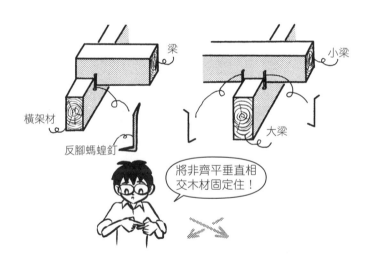

6

2 樓地板組

Q 如何固定才能讓小梁和橫架材的上層面等高？

▼

A 如下圖，以嵌入鳩尾搭接等橫向接合來固定，並用魚尾板螺栓來補強。

....

當大梁架在橫架材上時，橫架材和梁的上層面會產生高低差，因為是在橫材上方架設橫材，所以也沒有辦法。但運用一些巧思，也可以將所有橫材平整地固定。

嵌入就是將木材的斷面維持原樣直接插入的橫向接合，只有用嵌入的話容易鬆脫，所以加上鳩尾搭接，鳩尾就是形狀像鳩鳥尾巴的梯形榫頭。又為了讓接合更緊密，再釘上魚尾板螺栓固定。

因為是從上方搭接，所以稱為嵌入鳩尾搭接，但也有從上往下壓入的方式，也稱為下壓嵌入鳩尾。

若使用嵌入鳩尾搭接來橫向接合，小梁和橫架材的上層面就會是平坦的，如果平坦的話就可以直接在上面釘上板子，並釘上水平角撐來增加面剛性。另外為使上層面齊平做成T形接口，也會使用搭接梁金屬扣件等。無地板格柵工法中，大量使用嵌入鳩尾搭接、金屬扣件等。

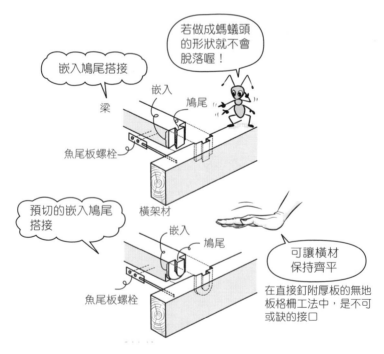

Q 縱切型的連接梁金屬扣件是什麼？

▼

A 如下圖，以柱子支承梁的時候，在梁的端部縱切，插入其中固定用的金屬扣件。

....

已有各式各樣的連接梁金屬扣件被開發出來，而縱切型則是在強度上較受信賴的一種。因為梁的斷面缺損只有小小的縱切部分而已。

這個金屬扣件從上方看是T形，首先以螺栓固定在柱子上，再將T形前端刃的部分插入梁的縱切部，並從側邊插入插銷。組裝方式是先將最上面的插銷釘入梁上，再將梁沿金屬扣件由上往下壓、插入縱切部，接著從側邊釘上插銷。

從側邊插入的插銷也稱為滑移插銷，是具有強度的金屬製插銷，以插銷固定就能使梁不會脫落。

除了T形外，也有U形的連接梁金屬扣件，U形是以兩片刀刃插入梁裡。縱切型的金屬扣件為連接梁金屬扣件，此外也已開發出用來將柱子固定在基礎上的柱腳金屬扣件等。

使用連接梁金屬扣件和大型的集成材（組合而成的木材）的柱梁，是可以組成像鋼骨結構建築的構架結構、以構架結構為基礎的類構架結構。構架結構就是可以只用橫向接合來確保柱子和梁的接口維持直角，而不需要角撐等的結構。在一般的木造建築中，因為構材很細而無法做到，但若使用大斷面的集成材，並搭配縱切型金屬扣件則是可行的。

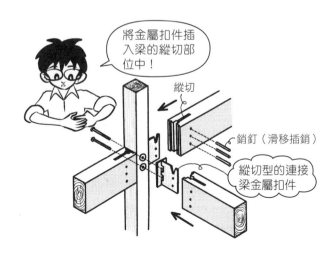

將金屬扣件插入梁的縱切部位中！

縱切

銷釘（滑移插銷）

縱切型的連接梁金屬扣件

6

2
樓地板組

Q 如何支撐2樓的陽台？

▼

A 如下圖，將粗大的地板格柵以橫材（橫架材和台輪）夾住，地板格柵延伸到裡頭，搭接在梁的下方。

其實有各式各樣的支撐方法，但這裡介紹只以地板格柵支撐的方法。因為支撐陽台的地板格柵為懸臂梁（cantilever），所以需要使用稍微粗一點，約60mm×180mm的角材。

> 2樓地板格柵→ 45×105@303
> 陽台地板格柵→60×180@303

將橫架材做低一點，並在上面架設陽台的地板格柵，而因為橫架材做得比較低，還需要另一條橫材來架設2樓地板格柵、設置柱子。又為了壓住陽台的地板格柵，也需要另一條橫材壓在陽台地板格柵的上方，這個橫材就稱為台輪。

陽台的地板較2樓地板低，是為了不讓雨水跑進2樓地板裡，在畫簡單的斷面圖時，要將陽台的地板畫的比2樓地板低100mm左右。

台輪在最近的木造建築中有被省略的傾向，但在以往的木造建築中，除了陽台之外，台輪也會用在其他地方，鋪設在衣櫃或洗手台之類箱型家具下方，類似踢腳板的部分也稱作台輪。

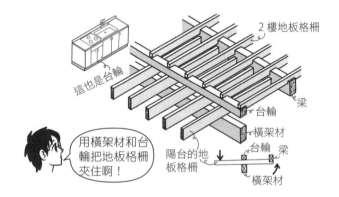

・ 如果是 2X4 工法，會將地板格柵直接延伸到外面。雖然只適用在比起牆先搭建地板的 2X4 工法，在窗上處必須設置略高起的部分以便防水。

Q 如何鋪設2X4工法的2樓地板組的地板格柵？

▼

A 將高度較高的平板狀地板格柵跨在兩邊的牆壁上，以455mm的間隔並排，並釘上合板固定。

‧‧‧

以455mm的間隔，整齊排列寬2寸的平板狀地板格柵，再釘上合板創造水平方向的面剛性。地板格柵的尾端只跨到牆壁厚度的一半處，格柵之間還會加上防傾倒的墊片，這是2X4工法的獨特組裝方式。不採用梁柱構架式工法那種將梁、地板格柵縱橫組裝的方式。優點是因為可將天花板與上層樓板間的高度降到最低，所以層高可較矮。另一方面，卻沒有多餘的空間，而難以做水平方向的修正，電線要通過時就必須在地板格柵的中央開洞。且聲音也容易傳到下層。

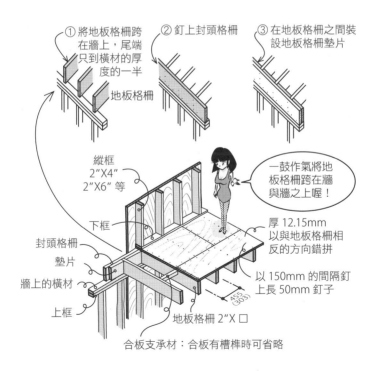

① 將地板格柵跨在牆上，尾端只到橫材的厚度的一半
　地板格柵

② 釘上封頭格柵

③ 在地板格柵之間裝設地板格柵墊片

縱框
2"X4"
2"X6" 等

下框

封頭格柵

墊片

牆上的橫材

上框

地板格柵 2"X □

一鼓作氣將地板格柵跨在牆與牆之上喔！

厚 12.15mm
以與地板格柵相反的方向錯拼

以 150mm 的間隔釘上長 50mm 釘子

455
(303)

合板支承材：合板有槽榫時可省略

Q 2樓的地板要如何以不使用地板格柵的無地板格柵工法來組裝？

▼

A 梁、小梁、橫架材等橫材以910mm（半間）的間隔組成格子狀，再釘上厚合板固定。

....

讓橫材的上層面維持齊平，架設成910mm的正方形格子狀，其上釘上24、28、30mm等的厚板。以厚板和釘子來創造水平剛性。以板與釘來穩固是2X4工法的長處，這種作法是將2X4工法的優點納入梁柱構架式工法。要讓梁、橫架材的上層面維持在同一平面，就要用嵌入鳩尾榫搭接加魚尾板螺栓、或是滑移插銷工法的連接梁金屬扣件等方式。採用滑移插銷工法的話，費用會變貴一些。

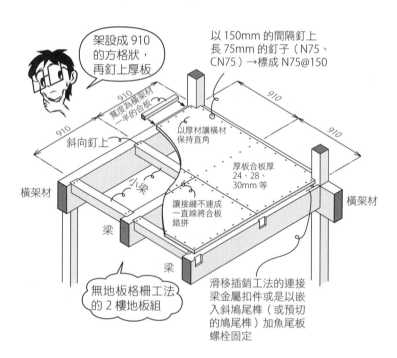

Q 在1樓的8疊房間之上的2樓8疊房間，採用無地板格柵工法的時候，地板結構圖如何表現？

▼

A 如下圖，120X300mm 的梁以 910mm 的間隔架設，90mmX90mm 的合板支承材以 910mm 的間隔跨在梁與梁之上。

....

 滑移插銷工法、嵌入鳩尾榫搭接加魚尾板螺栓等來讓橫材的上層面齊平，橫材組成 910mm 的網格，其上釘上 24、28、30mm 的厚板來創造面剛性。相較於將椽木架在梁之上的方式，天花板內部的尺寸較矮，也能降低層高。

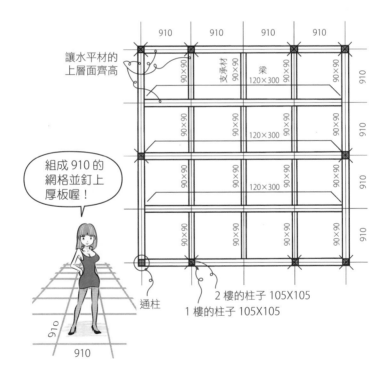

6

2樓地板組

• 鋪上厚板的無地板格柵地板，因為是具有面剛性的堅實地板，被稱為剛床。2 樓的地板的歪斜程度縮小的話，地震時就不會因屋頂材扭曲而讓屋頂材崩落。1 樓的地板即便不是剛床，因為筏式基礎的承壓板具有面剛性，而問題不大。

Q 什麼是椽木？

▼

A 並排在屋頂板下方的角材。

....

由於直接鋪上屋頂板的話強度會不夠，所以在屋頂板下方並排桿件。一般來說，會沿著屋頂坡面的斜度設置桿件（椽木）。如果設計成將椽木垂直坡面設置（桁行方向），可能會惹怒工匠。

並排在地板下方的桿件稱為地板格柵，但並排在屋頂板下的桿件則稱為椽木，就算使用完全相同的材料，但依據設置部位的不同，稱呼也就有所不同。

地板下的桿件→地板格柵
屋頂板下的桿件→椽木

屋頂的椽木是類似地板格柵的東西。

椽木

Q 屋簷凸出半間（910mm）左右時的屋頂上，椽木的粗細和間隔為何？

▼

A 約45×105@455、45×60@455。

· ·

@是表示間隔的符號，@455就是以半間的一半（455mm）為間隔並排的意思。

地板格柵一般是@303（在和室有時會使用@455），所以椽木是採用比地板格柵寬的間隔。因為屋頂和地板不同，上面不會站人或放家具，所以椽木的間隔可以大一點，當然若以較密的@303間隔來並排，屋頂就會更加堅固。

45mm×105mm是在2樓的地板格柵中經常使用的角材，記住椽木和2樓的地板格柵是使用一樣的角材。

即便是45mm×60mm的角材，在屋簷凸出半間左右也足夠支承，屋簷就是屋頂比牆壁還要凸出外側的部分。

> 1樓地板格柵→ 45×45@303
> 2樓地板格柵→ 45×105@303
> 椽木→ 45×105@455、45×60@455

屋簷凸出
910以下

2樓地板格柵
大小的桿件。

45
105（60）
椽木

間隔
@455
比地板格柵寬

7
屋架組

Q 支承椽木的橫材的間隔為何？

▼

A 一般為半間（910mm）以下。

··

 1樓的地板組用地板格柵支承時，地板梁以半間的間距並排，屋頂的軸組（屋架組）也和此類似，支承椽木的橫材以半間的間距並排。

如果是 45mm×105mm 的椽木，橫材間隔為 1 間也可以，但若是 45mm×60mm 的椽木，間隔如果沒有在半間以下就無法支承。一般都是以半間以下的間隔排列橫材，再在其上並排椽木，先記住這個粗略的組裝方式吧！

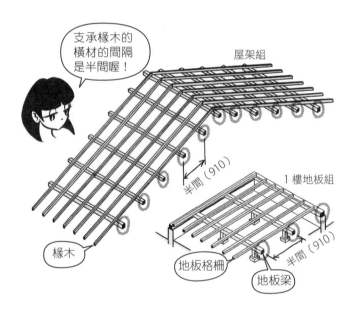

支承椽木的橫材的間隔是半間喔！

屋架組

半間（910）

1樓地板組

椽木

地板格柵

地板梁

半間（910）

Q 支撐椽木的橫材為何？

▼

A 脊木、簷桁條、桁條。

....

🔲 屋頂斜坡交叉的稜線部分稱為屋脊，用山來做比喻的話，山稜線就等於是屋脊。

架設在屋頂稜線上的橫材稱為脊木，組裝木材後，最後架上的就是脊木，上梁就是指這個時候進行的儀式，在日文裡也稱為上棟。

屋簷是凸出牆壁外的屋頂部分，如果沒有屋簷，雨水就很容易進入屋內，日照或雨淋也容易使牆壁受損，因此在木造建築中，屋簷可是肩負非常重要的任務。

架設在屋簷與牆壁間的橫材就稱為簷桁條，在木造建築中是非常重要的構材。

架設在脊木和簷桁條中間的橫材則稱為桁條，桁條是只用來支承椽木、稍微粗一點的木材。先記住脊木、簷桁條、桁條的位置和名稱吧！

　　　支承椽木的橫材→脊木、簷桁條、桁條

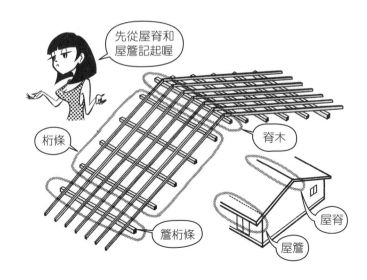

先從屋脊和屋簷記起喔

桁條

脊木

簷桁條

屋脊

屋簷

Q 什麼是扭型鐵件？

▼

A 如下圖，用來將椽木固定在桁條或簷桁條等橫材上的金屬扣件。

如字面的意思，是扭轉平坦的金屬板做成的金屬扣件。在椽木和橫材的交接處上用釘子釘上扭型鐵件，由於椽木和橫材是垂直相交的，所以必須要扭轉過的金屬扣件才能夠固定。

在橫材上，會有用來放置椽木所挖的溝，稱為椽木缺口。將椽木壓入椽木缺口後，用扭型鐵件牢牢固定，也有從斜向釘入釘子來固定的方式，但使用金屬扣件固定較為堅固，颱風來臨時屋頂也不會被吹掀。

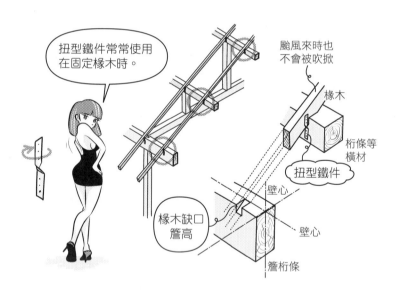

扭型鐵件常常使用在固定椽木時。

颱風來時也不會被吹掀

椽木

桁條等橫材

扭型鐵件

壁心

壁心

椽木缺口簷高

簷桁條

・ 鞍型鐵件是指掛在椽木之上，用來固定桁條的馬鞍狀金屬扣件。比扭型鐵件更堅固，椽木也較難浮起來。

Q 脊木、桁條的粗細為何？

▼

A 105mm×105mm 左右。

⬢ 105mm×105mm 是和柱子一樣粗的角材，有時也會只在脊木上使用 120mm×120mm 的角材。

1 樓地板組的地板梁一般使用 90mm×90mm，脊木、桁條都比地板梁還要粗一些，這是因為脊木、桁條的跨距比地板梁的跨距還要長的關係。關於脊木、桁條的跨距在後面會說明。

脊木、桁條→ 105mm×105mm

地板梁→ 90mm×90mm

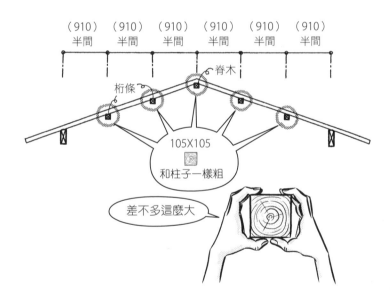

7

屋架組

Q 為什麼簷桁條比脊木或桁條還要粗呢？

▼

A 為了支承粗胖的屋架梁，和在外牆頂部連接柱子的緣故。

....

支承屋架梁的方法有很多種，而根據不同的支承方式，簷桁條的粗細也會
有所不同。

　　簷桁條＋屋架梁＋柱子→各式各樣的組合方式

細 的 簷 桁 條 會 使 用 105mm × 105mm 的 角 材 ，但 一 般 最 好 使 用
120mm×120mm，其他還會使用 120mm×150mm、120mm×180mm、
120mm×210mm、120mm×240mm、120mm×300mm 等尺寸的角材。
簷桁條的寬比柱子的寬還要稍微大一點，而高度則有不同的尺寸，較粗的
甚至高過梁的高度。

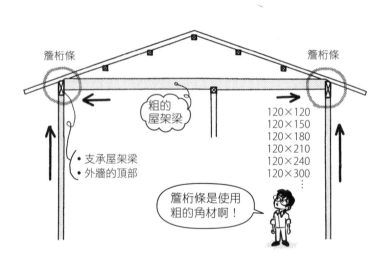

Q 什麼是屋架柱？

▼

A 支撐脊木、桁條的短柱。

屋頂的軸組稱為屋架組，而屋架柱指的是在屋頂軸組上使用的短柱，在日文中稱為束。

> 屋頂的軸組→屋架組
> 短柱→束

為了使屋頂傾斜，屋架脊木或桁條被從屋架梁上抬起，而用來抬起脊木或桁條的就是屋架柱。

在 1 樓的地板組中，將地板梁從地面抬起的是地板短柱，而將脊木、桁條從屋架梁抬起的就稱為屋架柱，兩者都可以只稱為短柱。地板短柱為 90mm×90mm（3 吋見方），屋架柱則常常使用粗一點的 105mm×105mm（3 吋 5 分見方），兩者都是以設定好的高度裁切柱材後使用。

> 將地板梁從地面抬起的→地板短柱→ 90mm×90mm（3 吋見方）
> 將脊木、桁條從屋架梁抬起的→屋架柱→ 105mm×105mm
> （3 吋 5 分見方）

屋架柱
105X105
束是短柱，
束間就是短暫的時間！
地板短柱
90×90

7
屋架組

Q 什麼是屋架加勁材？

▼

A 避免屋架柱倒塌而裝上的斜撐。

....

會釘上約 15mm×90mm、薄板狀的貫材。貫就是從柱子的側邊貫穿的材料，在以前的木造建築結構中常常使用，像這樣的薄角材總稱為貫，而屋架加勁材就是使用這樣的薄角材，由於是較沒有受力的部位，就不需要使用像設置在牆壁裡那樣粗大的斜撐。可以把地板短柱想成樹木的根，繞著地板短柱釘上、以防範它傾倒的貫材，也稱為地板加勁材。雖然稱呼不同，但使用在屋架柱和地板短柱的貫材是一樣的。

> 避免屋架柱傾倒→屋架加勁材：15mm×90mm
> 避免地板短柱傾倒→地板加勁材：15mm×90mm

縱橫兩方向都要釘上屋架加勁材和地板加勁材，在下圖中與頁面垂直的方向上也有釘上貫材，是為了防止其往兩邊傾倒。

Q 什麼是二重梁？

▼

A 以2層組成的屋架梁的上方的梁，或是指這個結構方式。

屋頂坡度太陡的話，屋架裡的空間會變大，接近屋脊的屋架柱會變得較長而降低穩定性，因此發展出將梁以2層組合的方法。

以2層來組合的時候，上面的梁在日文裡稱為二重梁，也稱為天秤梁。就算不將梁疊2層架設，只要加入很多的屋架加勁材，屋架支柱就不會倒塌，但是比較常用的工法還是二重梁。因為在日本人的美學裡偏好不使用斜材，而只以縱橫的方式來表現。

屋頂很大時，會組成2層甚至3層的梁。在古時的民家中就可見到這樣的例子，直接露出好幾層的梁組成的梁組，可以從中看見立體格子之美。

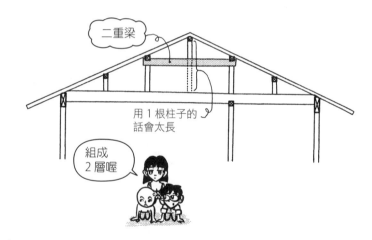

二重梁

用1根柱子的話會太長

組成2層喔

・ 外露並成為設計的一部分的梁，在古代稱為束木（日文：虹梁）。外露的二重梁是二重虹梁。支撐2層的虹梁的斗抱，因外形貌似青蛙（蟇）張腿（股），所以設有斗抱的二重梁稱為二重梁股。可見於東大寺轉害門的山牆面等處。古代人命名的巧妙真讓人印象深刻。

Q 什麼是<u>梁間</u>、<u>桁行</u>？

　　▼

A 梁間是和屋架梁平行的方向，桁行則是和簷桁條平行的方向。

梁間就是建築物的短邊方向，因為梁會平行短邊架設；另一方面，桁行是
長邊方向，是以結構材的方向來表示建築物的方向。

　　　<u>梁間→短邊的方向</u>
　　　<u>桁行→長邊的方向</u>

梁間也稱為梁間方向或梁行，另外梁間也會用來表示梁跨過多長的距離、
從支撐的柱子到另一根柱子、或從牆壁到另一道牆壁的跨距大小。建築物
的大小也可以標示為梁間2間、桁行3間等。

　　　<u>梁間＝梁間方向、梁行</u>

（梁間方向、梁行）

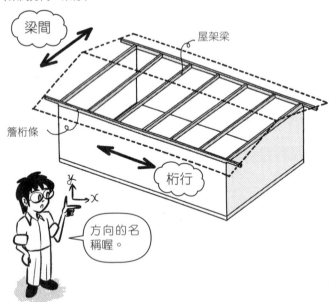

Q 什麼是山牆側（日：妻側）、平側？

▼

A 能看見山形屋頂的三角形那一側就是山牆側，而看見屋頂坡面的一側則稱為平側。

....

日本的切妻屋頂就是一般的山形屋頂（鞍狀屋頂）。在日式建築中，妻表示三角形牆壁的部分，因為是將山形縱切後形成妻的屋頂，所以稱為切妻屋頂。

在山形屋頂中可見山牆，也就是看見三角形的那一側稱為山牆側；而另一側看不見三角形，只看到平的屋頂，則稱為平側。

從山牆側這一邊進入稱為妻入，而從平側進入屋內就稱為平入。妻入因為是看得見三角形的那一側，所以中心軸相當明顯，是有強烈左右對稱性的入口，歐洲的教堂可說一定都是妻入，而京都的町家建築等則為平入，比起妻入來說，是較沒有象徵性、低調的入口。

在方向上稱為梁間、桁行，哪一側則稱為山牆側、平側，是在實務中常常出現的用語，請牢牢地記住。

> 哪一側？→山牆側、平側
> 從哪裡進入？→妻入、平入
> 哪一個方向？→梁間、桁行

妻就是指三角形的牆壁喔！

7

屋架組

· 在日文中稱呼物品的端部、邊緣、側邊為妻，所以建築的端部也因此被稱為妻。

Q 什麼是廡殿式屋頂（天幕式屋頂）？

▼

A 如下圖，屋頂坡面朝四個方向傾斜的屋頂。

 屋頂的稜線（屋脊）在日文中稱為「棟」，而因為是從四方朝中央的棟集中，所以廡殿式屋頂在日文裡稱為「寄棟」。

廡殿式屋頂在排水上較山形屋頂為佳。因為屋簷是朝四方凸出的，所以有雨水不易潑到牆壁上的優點，以前在豪華的建築物中就常使用這種廡殿式屋頂。

雖然具有比較不會淋到雨的優點，但也有較難在屋頂內側的上方設置換氣孔的缺點。山形屋頂會在山牆側上方設置換氣孔，將屋簷裡的熱空氣往外趕出。

如果做成正方形的廡殿式屋頂，如下圖，山頂上的屋脊就會不見，變成只剩下45度的屋脊，而這個屋頂的形狀是廡殿式屋頂的特別版，是四角攢尖的方形屋頂。

Q 什麼是歇山式屋頂？

▼

A 如下圖，將廡殿頂上的屋脊延長，部分做成山形的屋頂。

....

像是結合山形屋頂和廡殿式屋頂的屋頂。上部是山形、下部是廡殿的形狀，廡殿式屋頂內側上方無法建造的換氣孔，在歇山式屋頂中，就可以做在小小的山牆側上，也可以做為排煙之用。

因為屋頂裡的換氣孔容易設置而在亞洲普及的歇山式屋頂，在日本也和廡殿式屋頂一樣，是豪華建築物常常採用的屋頂形式，常可見於寺廟、神社、城堡、民家等建築。

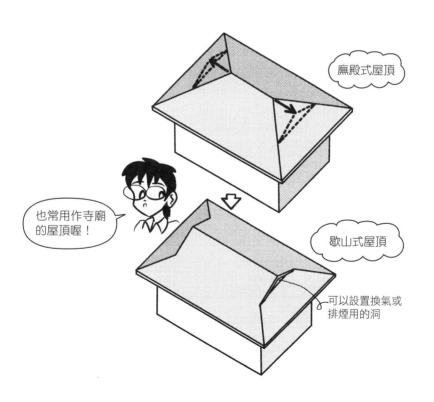

廡殿式屋頂

也常用作寺廟的屋頂喔！

歇山式屋頂

可以設置換氣或排煙用的洞

7

屋架組

Q 什麼是京呂組？

▼

A 如下圖，在簷桁條上架設屋架梁的方式。

外側的柱子、外牆側的柱子都稱為側柱，側柱的頂端用簷桁條壓住，並在這個簷桁條上架設屋架梁。

　　　側柱→簷桁條→屋架梁

以京呂組來架設屋架梁的話，即使在沒有側柱的地方也可以架設屋架梁。此時，簷桁條因為需要承受重量，而會使用較粗的角材。

為了讓屋架梁不會脫離、牢牢地固定在簷桁條上而使用魚尾板螺栓。京呂組是現在普遍使用的組裝方式。

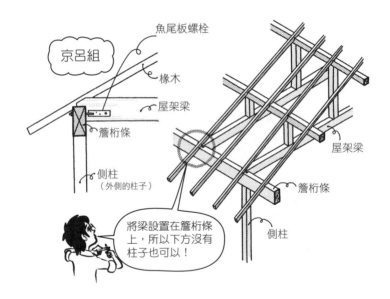

Q 什麼是折置組？

▼

A 如下圖，在柱子上架設屋架梁的方式。

在側柱上直接架設屋架梁，再於其上架設簷桁條，並設置椽木，在這個情況下，簷桁條只有承受椽木的重量，所以使用較細的材料即可。

> 京呂組：柱子→簷桁條→屋架梁
> 折置組：柱子→屋架梁→簷桁條

使用折置組時，每根梁都需要一根柱子，所以柱子設置的位置會受限，但是也因為柱子可以直接支撐梁，在結構上來說較佳。柱子和簷桁條以魚尾板螺栓來栓住，讓屋架梁、簷桁條都不易鬆脫。在現在，室內格局設計上彈性較大的京呂組較為常見。

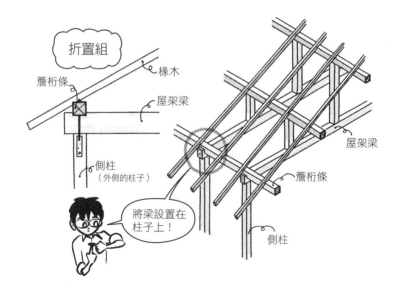

7

屋架組

Q 京呂組中，在簷桁條上架設屋架梁的橫向接合為？

A 如下圖，用盔型搭接和魚尾板螺栓固定。

....

這是從上方放入使其不會鬆脫的榫頭，公榫是鳩尾榫頭，母榫則是鳩尾榫孔。

因為像是從上方蓋住，所以稱為蓋頭鳩尾。整個木材以鳩尾榫頭插入固定，接近嵌入鳩尾搭接（請參照R170）的橫向接口，是在嵌入鳩尾搭接加上頭盔的形狀，頭盔的部分就像是搭坐在簷桁條上面的樣子，加上頭盔部分是為了防止梁掉落下來。如果不是又重又大的梁，也常沒有加上頭盔形狀，以嵌入鳩尾搭接固定。

桁條和梁都會挖鑿可讓椽木通過的溝槽，而這個溝就稱為椽木道、椽木缺口等。

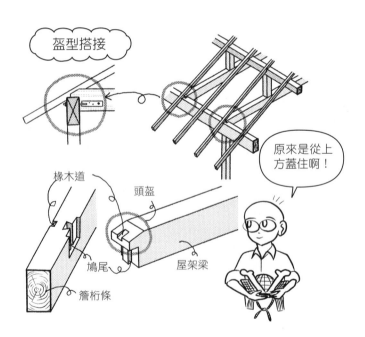

盔型搭接

原來是從上方蓋住啊！

椽木道　　頭盔

鳩尾　　屋架梁

簷桁條

Q 什麼是半企口齒栓接？

A 在桁條、梁等橫材上經常使用的縱向接合。

....

類似的縱向接合有金輪接合等，但先把具代表性的半企口齒栓接的名稱及大概形狀記住吧！

半企口齒栓接是從縱向上底板連接處的縱向接合，齒栓則是從側邊插入，用來固定兩個材料的長栓，可抵抗彎曲和張力，常用在梁或桁條的縱向接合上。

縱向接合的位置是在比柱心稍微出來一點的地方，因為在柱子的正上方，彎曲的力（彎矩）較強，一般是在距離柱心15cm左右的位置上相接。

半企口齒栓接

是桁架或梁的
縱向接合喔！

齒栓

Q 下列7個縱向接合、橫向接合的形狀分別為？
　　①鳩尾（燕尾）榫接 、②蛇首榫接、③半企口齒栓接 、
　　④嵌入鳩尾搭接、⑤盔型搭接、⑥滑齒搭接、⑦斜嵌榫接
　　▼

A 如下圖所示。

....

在這裡複習一下重要的縱向接合和橫向接合。

在長軸方向上連接用以延長的是縱向接合，因為材料的長度有限，在需較長的構材之處，就必須要使用縱向接合。鋼筋混凝土結構建築中的鋼筋也是採用同樣方式。

橫向接合則使用在L形、T形、十字形等有角度的接口上。

擁有悠久歷史的縱向接合、橫向接合，光是看形狀和名稱都讓人覺得意義深長，是無數的工匠們，在歷經幾百年時間不斷嘗試後所成就的，和2×4工法、插銷接合工法或鋼骨結構、鋼筋混凝土結構以同一個平面來接合地板格柵、梁的方式不同，可以感覺到工法裡的奧妙。

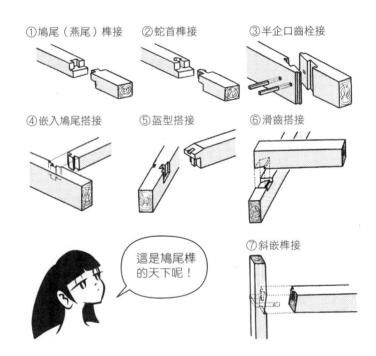

Q 什麼是頭徑、尾徑？

▼

A 接近原木材根部的是頭徑，而尖端的部分則為尾徑。

原木材為只扒掉樹皮的木材，相較於經過製材的筆直木材，可以用很便宜的價格買到。且因為還含有心，所以具有強度，只是會有點彎曲，頭徑和尾徑的直徑也不同，所以只能使用在屋架梁上。

原木的根部較粗大，越往上則越細，根部的直徑為300mm時，寫成頭徑300φ，同樣的，尖端部分的直徑為150mm時，寫成尾徑150φ。

因為梁藏在天花板裡，所以以前常使用原木材做為屋架梁。這時因為承受來自上方的重量，加上要在下方鋪設平坦的天花板，所以在架設時，會將其向上彎曲成凸形，發揮拱形在結構上的效果，降低各個斷面的張力（磚石結構的拱是只靠壓力支撐）。而現在通常使用經過製材加工，或是集成材製成的筆直梁木。

在古時民家的夯土地玄關處（日文：土間）往上看，會看到彎曲成S形的大型梁設置地恰到好處，當時工匠的本領可見一斑。

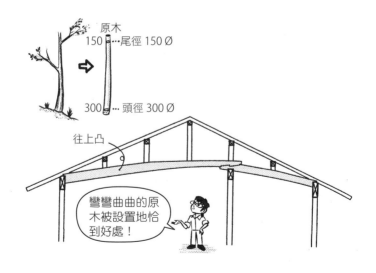

原木
150 …尾徑 150 Ø

➡

300 … 頭徑 300 Ø

往上凸

彎彎曲曲的原木被設置地恰到好處！

7

屋架組

Q 什麼是太鼓材？

▼

A 將原木兩側切掉的木材，斷面看起來就像是從側邊看過去的太鼓。

⬛ 未加工的原木材既不直又凹凸不平的，在畫墨線的時候會很不方便。畫墨線就是在木材的表面，使用墨和線，畫出用來加工的線。為此，將原木的左右兩側切掉，只有上下是彎曲的，這樣子在畫墨線時就容易多了！
將原木材兩側切斷的工作稱為太鼓落或太鼓挽，而被切掉兩側的木材就稱為太鼓材。太鼓材主要是使用來做屋架梁，加工時比原木材輕鬆，如果是用原木的話，即使是放在平坦的地方也不穩定，也就是說，是為了容易畫上墨線、加工而施作太鼓落。

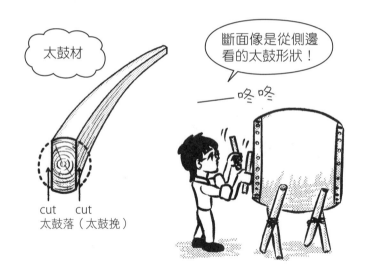

太鼓材

斷面像是從側邊看的太鼓形狀！

咚 咚

cut　　cut
太鼓落（太鼓挽）

Q 屋架梁的間隔為？

▼

A 一般為1間（1,820mm）以下。

 桁條、脊木一般使用105mm×105mm或120mm×120mm的角材，這時候的跨距就為1間左右。

如果跨距超過1間，桁條、脊木會被屋頂的重量壓彎，所以當跨距在1間以上時，桁條、脊木必須使用更粗的木材，變得不符成本效益。

桁條、脊木的跨距要在1間以內，也就等於屋架梁的間隔要在1間以內。

有時因柱子的位置影響，間隔會變成半間。屋架梁的間隔不會超過1間。

若在簷桁條之下，超過1間寬都沒有柱子時，就變成只有簷桁條支撐屋架梁。

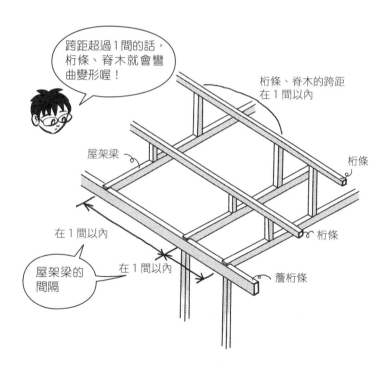

7

屋架組

Q 跨距為2間（3,640mm）、1間半（2,730mm）時，屋架梁的尺寸為？

▼

A 若是原木材的話，分別為尾徑150φ、尾徑120φ，若是製材加工過的梁，分別為120mm×300mm、120mm×210mm左右。

....

▣ 在跨過2間寬的時候，原木材需150φ，角材的話則用120mm×300mm，由此可知原木相當堅固。尾徑150φ的意思是指木材較細一端的直徑為150mm，在使用原木材的時候，以較細一端的直徑來指定，如果沒有指定至少需要多寬的直徑，可能會有危險。

使用集成材的屋架梁，其粗細和2樓的地板梁幾乎一樣，梁高約為跨距的1/12。

> 跨距＝2間→尾徑150φ 或 120mm×300mm
> 跨距＝1間半→尾徑120φ 或 120mm×210mm

屋架梁和地板梁一樣常常使用松木，因為松木較堅硬，可以抵抗彎曲，適合用來做為梁，而不使用常用作柱子的杉木。

梁→松木
柱子→杉木

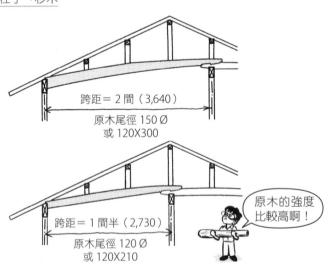

跨距＝2間（3,640）
原木尾徑 150 Ø
或 120X300

跨距＝1間半（2,730）
原木尾徑 120 Ø
或 120X210

原木的強度
比較高啊！

Q 在R162的8疊房間上，單斜屋頂的屋架結構圖為何（南面為平側）？

▼

A 如下圖所示。

....

🧊 屋架結構圖是拿開屋頂板，從上往下看屋架組的平面圖。

在R162中，2樓的8疊房間上，假設柱配置和1樓同樣來架設屋頂的情況下，試著畫出柱子的位置。8疊在縱橫方向上都為2間長，而屋架梁的間隔為1間，所以只要在房屋的中央放入一根大梁即可。

原木材的屋架梁標記如圖上所示，若是由45度斜線和直線畫成的話，就會是製材加工過的梁。牆壁上的梁，因為柱子的間隔在1間以內，所以不需要使用粗的木材。相對於架在空間上的梁是使用尾徑150φ的原木或120mm×300mm的粗木材，牆壁上的梁用120mm見方的角材就可以了。

> 牆壁上的梁→ 120mm×120mm 等
>
> 梁→原木尾徑150φ、120mm×300mm 等

支承屋架梁的簷桁條，因為架設在沒有柱子的地方，所以使用120mm×300mm 等的粗木材，而北側的梁，因為設置在下方有柱子的位置，所以用120mm×120mm 就可以了。

在屋架梁上以半間（910mm）的間隔豎起屋架柱，屋架柱以○表示，畫在梁上。屋架柱是使用105mm×105mm的角材。

在屋架柱的上方架設105mm×105mm的桁條，桁條以單點線來畫。在桁條的上方則以450mm的間隔放置椽木，椽木以細實線來畫。

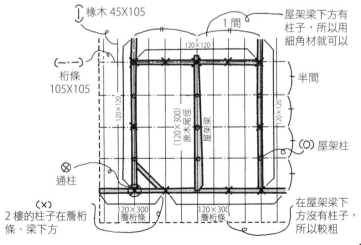

Q 在縱向較長（南北向較長）的6疊房間上架設單斜屋頂時的屋架結構圖為何（南面為平側）？

▼

A 如下圖所示。

．．．

 6疊為2間×1間半，但在南北方向較長的空間裡，屋架梁的跨距變為2間。要跨過2間寬的空間時，就必須要使用尾徑150 φ 的原木材或120mm×300 mm的粗木材。

> 跨過2間寬的空間的梁→不管是2樓地板組或屋架組都是120mm×300mm（或尾徑150 φ）

即使不想跨到2間寬，也無法在東西向上架設屋架梁，因為如此一來，就無法在屋架梁上以半間（910mm）的間隔豎起屋架柱。2樓的地板組中，梁朝哪個方向都沒關係，但屋架組就不行。

柱子的位置是原本就設定好的，所以若讓屋架梁跨在柱子上架設的話，<u>簷桁條只用120mm×120mm的細木材就行了。</u>

牆壁上的梁因為沒有跨過空間，所以可以用120mm×120mm的細角材。

簷桁條朝左（西）側延伸，桁條也朝左側延伸，以便支撐山牆側屋簷處的椽木。有很多的設計，設計成山牆側的屋簷不向外凸出，但在考慮牆壁的耐久性下，為了不受日曬或雨淋，設計成屋簷凸出較為安全。

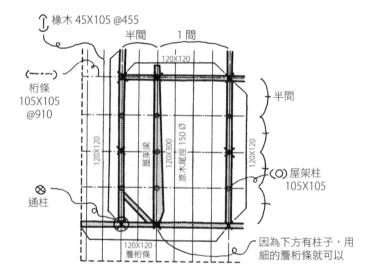

Q 在橫向較長（東西向較長）的6疊房間上，架設單斜屋頂的屋架結構圖
（南面為平側）為何？

▼

A 如下圖所示。

....

屋架梁沿屋頂的坡面傾斜方向架設，桁條垂直屋架梁架設，椽木則垂直桁
條架設，所以椽木和屋架梁的方向是一致的。

　　屋頂（椽木）坡面傾斜方向＝屋架梁的方向

6疊的2間×1間半裡，短的1間半就是屋架梁的跨距，因為1間半的跨距
較短，只要用尾徑120φ或120mm×210mm的細梁就可以了。

　　跨過1間半空間的梁→不管是2樓地板組或屋架組都是用
　　120mm×210mm（或是尾徑120φ）

原木材的圖面標示如下圖所示，粗的一端為頭徑，細的一端為尾徑，對應
實際原木的粗細。

屋架梁在靠簷桁條的一側，因為沒有柱子支撐，而使用120mm×300mm
的粗大簷桁條來支撐（若梁的下方有柱子支撐，用120mm×120mm即
可），相對的另一側的下方有柱子，所以支承屋架梁的橫材用120mm×
120mm的細木材即可，其他牆壁上的橫材也為120mm×120mm。

　　牆壁上的橫材、下方有柱子支撐的簷桁條→120mm×120mm

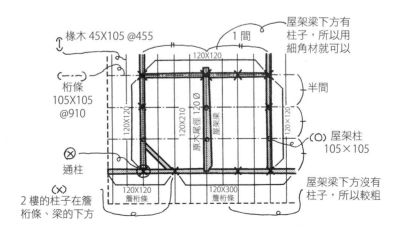

7

屋架組

Q 在4疊半的房間上，架設單斜屋頂的屋架結構圖（南面為平側）為何？

▼

A 如下圖所示。

....

4疊半為1間半×1間半，不在1間半的某處設置屋架梁，就會無法架設桁條，因為105mm×105mm的桁條所能承受的最大跨距為1間。

如下圖的柱子配置時，將屋架梁設置在有柱子的地方是較安全的，因為可以直接以柱子承重，支承梁的簷桁條或橫材就可以細一點。而如果只以橫材來支承梁的話，這個橫材就必須要粗壯。

因為屋架梁的跨距為1間半（2,730mm），所以使用尾徑120ϕ或120mm×210mm的角材。

　　跨距為1間半的梁→ 120mm×210mm 或尾徑 120ϕ

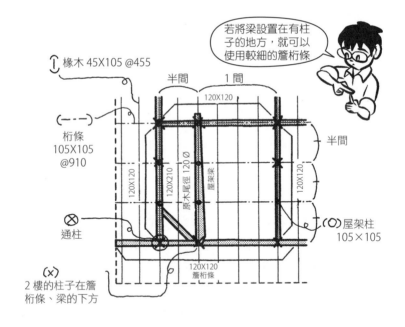

Q 如何將 R202 的屋架結構圖畫成立體圖？

▼

A 如下圖所示。

在畫設計圖的時候，一定要一邊思索立體的狀態一邊畫線，什麼都沒有想就畫設計圖的話，只是在浪費時間而已，不只是立體圖，屋架結構圖、平面圖、立面圖、斷面圖，全都是同樣道理。

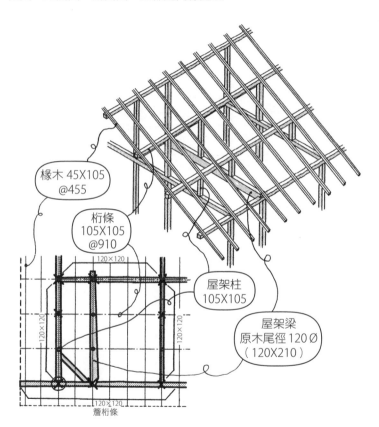

椽木 45X105
@455

桁條
105X105
@910

屋架柱
105X105

屋架梁
原木尾徑 120 Ø
（120X210）

120×120

120×120

120×120

120×120

簷桁條

7

屋架組

Q 什麼是斜梁？

▼

A 屋架梁不以水平架設，而與屋頂以相同的斜度架設，藉以提高天花板的屋架梁。

....

直接將桁條釘在斜梁上，再在其上平行斜梁架設椽木。可提高天花板高度並使其呈斜面，但須注意通風問題。以斜梁架設山形屋頂，且不在中央豎立柱子時，會形成三角形的人字形屋頂，為使其不會向左右兩側張開，而在底邊設置張力材。

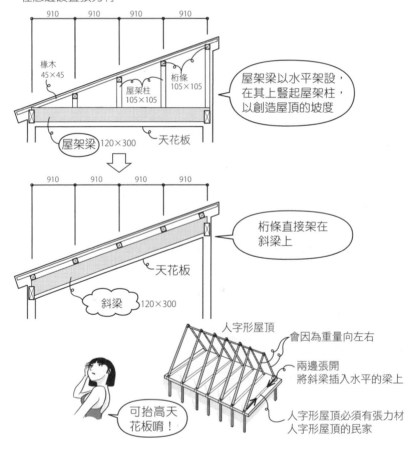

屋架梁以水平架設，在其上豎起屋架柱，以創造屋頂的坡度

桁條直接架在斜梁上

人字形屋頂
會因為重量向左右
兩邊張開
將斜梁插入水平的梁上
人字形屋頂必須有張力材
人字形屋頂的民家

可抬高天花板唷！

• 斜頂式天花板中，斜撐可能會在與簷桁條等高的地方露出來，需要多加留意。

Q 四邊坡度都一樣的廡殿式屋頂，屋頂結構圖會是如何呢？

▼

A 如下圖，斜向的屋脊全部都畫成45度。

....

　屋頂結構圖就是從上方俯瞰屋頂的圖。複雜或很難看懂的屋頂結構圖，很有可能就會是容易漏雨的屋頂。

　一般的廡殿式屋頂，四面的坡度都會是一樣的，否則看起來就會不整齊，屋架組也會變得複雜。而若四邊都是一樣的坡度，斜向的稜線相對於屋頂的各邊就會是45度。為了讓每個面的坡度都一樣，必然就會形成等份的角度。

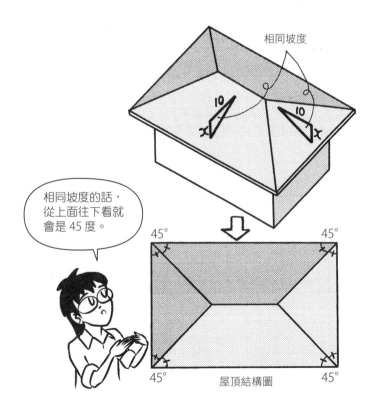

7

屋架組

相同坡度的話，從上面往下看就會是45度。

屋頂結構圖

Q 什麼是<u>角梁</u>？

▼

A 用來支撐廡殿式屋頂的斜脊（戧脊），具有斜度的構材。

廡殿的日文為寄棟，就是向屋脊（棟）集中的意思，<u>屋頂的稜線全部都稱</u><u>為屋脊</u>，在屋脊中具有斜度的4個斜脊，因為是架在四隅的屋脊，所以在日文中稱為<u>隅棟</u>。

支撐斜脊的構材就稱為角梁。支撐屋頂端的屋脊的構材叫作脊木，都是用來建造出山稜線的構材。

角梁的加工需要高超的專業技術，因此廡殿式屋頂是比山形屋頂還更倚賴技術，等級更高的屋頂。

角梁、脊木或桁條，都同樣是由稱為屋架柱的短柱來支撐。

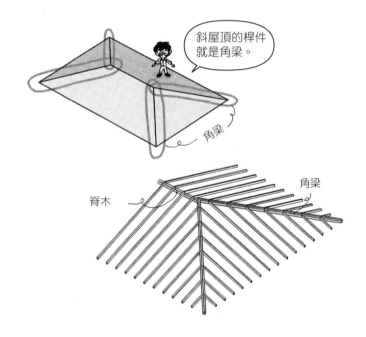

斜屋頂的桿件就是角梁。

角梁

脊木　　角梁

Q 廡殿式屋頂上，支撐椽木的方法為？

▼

A 和山形屋頂一樣，以半間（910mm）為間隔設置的簷桁條、桁條、脊木等橫材來支撐。

典型的斷面如下圖所示，各斷面的屋架組幾乎和山形屋頂是一樣的，簷桁條會因屋架梁的支承方式而改變其粗細，當屋架梁跨在大型窗戶上時，簷桁條就要使用更粗的木材。

支撐山牆側上桁條的方式有許多種，下圖便是以梁來支撐，但也有未架設梁的案例。

在廡殿式屋頂上，因為有45度的屋脊（戧脊）和山牆側的屋頂，所以屋架組就變得複雜化。支撐角梁的方法、支撐山牆側桁條的方法，必須根據狀況來作調整。

角梁使用120mm×120mm的角材。桁條、脊木和細的簷桁條的斷面幾乎一樣大。

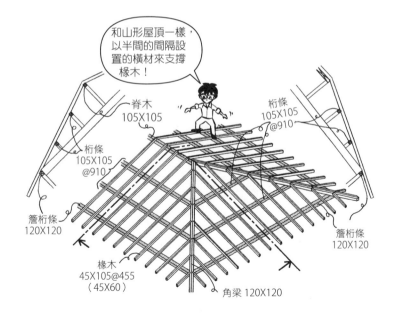

和山形屋頂一樣，以半間的間隔設置的橫材來支撐椽木！

脊木
105X105

桁條
105X105
@910

桁條
105X105
@910

簷桁條
120X120

簷桁條
120X120

椽木
45X105@455
（45X60）

角梁 120X120

7

屋架組

Q 支撐45度的角梁需要以45度來架設屋架梁嗎？

▼

A 以45度架設屋架梁時，跨距會變得更長，所以將屋架梁架設在水平和垂直方向上。

....

 下圖為在8疊的房間上架設角梁的例子。如果設置和角梁同方向的屋架梁，就必須要有和房間的對角線等長的長度，跨距也會變長。設置在橫向上的話長為2間（3,640mm），但是45度的話就變成2倍（1.41倍）的2.82間（5,147mm）。架設長梁時，必須要用粗的梁，無論是結構上和費用上都想要避免。

所以就變成在房子的正中央架設梁後，再架設小梁。如果是用這個方法，用一般粗的梁就可以了，再於該梁上設置屋架柱來支撐角梁。

為了簡化圖面，所以下圖只畫出用來支撐角梁的梁組。除了角梁之外，因為也必須支撐桁條或脊木，所以梁組會再稍微複雜一點。

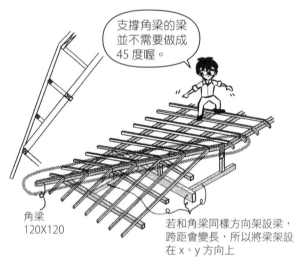

> 支撐角梁的梁
> 並不需要做成
> 45度喔。

角梁
120X120

> 若和角梁同樣方向架設梁，
> 跨距會變長，所以將梁架設
> 在 x、y 方向上

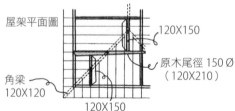

屋架平面圖

120X150

原木尾徑 150 Ø
（120X210）

角梁
120X120

120X150

Q 如何架設 2X4 工法的屋架組？

▼

A 平板狀的 2X4 角材組成三角形，並以 455mm 的間隔並排，再釘上合板固定。

‥‥

不同於梁柱構架式工法的梁，橫材的天花板格柵所承受的是張力而非彎曲應力。以椽木與天花板格柵組成三角形的桁架。

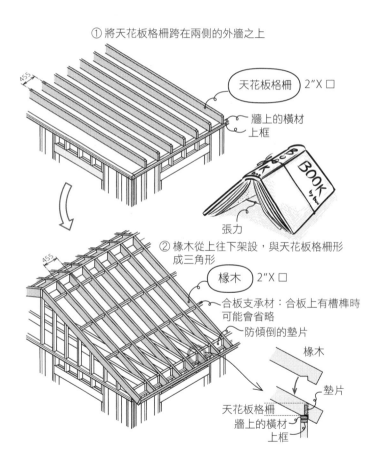

① 將天花板格柵跨在兩側的外牆之上

455

天花板格柵 2"X □

牆上的橫材
上框

張力

② 椽木從上往下架設，與天花板格柵形成三角形

455

椽木 2"X □

合板支承材：合板上有槽榫時可能會省略

防傾倒的墊片

椽木

墊片

天花板格柵
牆上的橫材
上框

7

屋架組

Q 什麼是屋頂屋面襯板？

▼

A 做為屋頂鋪底用的板子。

··

是鋪底板，且主要是指屋頂的鋪底板。

屋頂襯板一般使用厚12或15mm的合板，材質為結構用合板或混凝土板等。混凝土板雖然是可做為混凝土組模的合板，但因為具有強度，也常常被使用做為鋪底板。

除了合板以外，也會用厚15mm、寬180mm左右的杉木板來鋪設。在屋簷下方，會露出屋面襯板的地方，有時會鋪設這種杉木板。在圖面上標記時，板的厚度以「厚」、「ア.」、「t＝」等來表示。

> 結構用合板 厚15mm、結構用合板 ア.15、結構用合板 t＝15
> 混凝土板 厚12、混凝土板 ア.12、混凝土板 t＝12

在上梁之後就必須馬上鋪設屋面襯板，避免雨水淋溼結構材。若淋到雨水會容易沾上灰塵而變髒，而長時間浸濕的話木頭也容易腐朽，所以鋪設好屋面襯板後，便可以稍微安心一點了。

屋頂的鋪底板就是屋面襯板。

屋面襯板

為補強結構

鋪設時垂直椽木

以接縫不對齊的方式錯拼

橫向用錯拼喔！

· 如果屋面襯板垂直椽木以錯拼方式釘上的話，就不會造成強度上的弱點。此外，在接縫處貼上防水膠帶，雨水就難以滲入。

Q 什麼是<u>結構用合板</u>？

▼

A 合板中，符合結構強度標準的合板。

....

結構用合板主要是指符合 JAS（Japanese Agricultural Standard：日本農林規格）標準的合板，在板子上會壓上 JAS 的標誌。

最近較難購買到闊葉木，而經常使用針葉木。合板是將木材像切蘿蔔薄片般，沿著外周削成薄片，並將這些薄片以木紋縱橫交錯的方式層疊在一起黏合而成。雖然柳安木合板的木紋是縱向，但<u>針葉木的結構用合板的</u>表面會有如下圖的紋路。因縱向切割木紋或年輪，產生的紋路部分多少會有些凹凸（如要張貼壁紙，則選用較平坦的混凝土板）。2×4 工法裡所使用的合板，也是結構用合板。合板有 <u>9、12、15、18、21、24、28、30、35mm 等各種厚度</u>，屋頂或地板的鋪底板，經常使用 12 或 15mm 的結構用合板，此時必須採用間隔 455mm 的椽木、間隔 303mm 的地板格柵形式。最近常常採用的作法是使用 28 或 30mm 的厚板，不設地板格柵，直接將厚板架設在以 910mm 的間隔排列的地板梁上（<u>無地板格柵工法</u>）。

> 椽木 @ 455、地板格柵 @303 →合板厚 12、15mm
> 沒有地板格柵時，地板梁 @910 →合板厚 28、30mm

合板表面上的 F☆☆☆☆的標誌是表示接著劑中的甲醛釋出量。<u>☆愈多表示釋出量愈少</u>，最高為 4 個☆，因擔心會有病態住宅症候群（Sick House），而偏好在內部裝潢中只使用 F☆☆☆☆的合板。

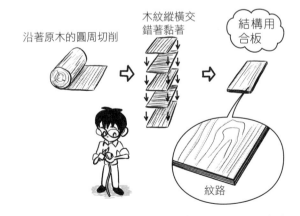

沿著原木的圓周切削　木紋縱橫交錯著黏著　結構用合板

紋路

• 補強外牆時，經常使用比結構用合板更便宜的 MDF（Medium Density Fiberboard：中密度纖維板），MDF 是用粉碎的木材壓製而成。

Q 什麼是混凝土板？
▼

A 以柳安木（lauan）製成的混凝土組模用的合板。

・・・

也稱為 lauan veneer 板，柳安木是闊葉樹的一種，veneer（膠合板的一層）就是沿著木材的圓周削成薄片的單板。

當成鋪底板使用時，使用厚 12 或 15mm 左右的混凝土板，在圖面上標示為：

> 屋頂襯板混凝土板厚 12、屋頂襯板混凝土板厚 15

在混凝土板的表面，沒有像針葉樹的結構用合板那樣的紋路，只有直條紋。結構用合板顏色比較白，混凝土板則是較紅的板子。結構用合板和混凝土板都在居家修繕工具與材料量販店中整疊平放著，請去看看實物來做比較。

> 結構用合板→較白、花紋＋直條紋、凹凸不平
> 混凝土板→較紅、直條紋

顏色偏紅
直條紋
混凝土板 （柳安木合板）

顏色偏白
花紋＋直條紋
結構用合板

椴木合板看起來顏色偏白，也可用來裝潢

建議去居家修繕工具與材料量販店比較看看喔！

・ 因為經常使用針葉樹的落葉松（larch），所以針葉樹的結構用合板也稱為落葉松合板。

Q 什麼是封簷板？

▼

A 用來隱藏椽木前端的切口而加上的板。

....

木材切口（木口）指的是長條木材的斷面部分，也會寫成小口。寫成小口時，多指混凝土塊或磚塊較小一側的面。

木材切口是木材最怕水的地方，因為木頭是經由纖維吸水的，如果露出木材切口的話，水就會被吸進來。在椽木外露的建築物中，用銅板等蓋住的目的就是為了避免水滲入。另外，封簷板在結構上也能有效防止椽木左右搖晃。

在日文中，椽木的切口可以稱為鼻先，因為是把鼻先藏起來，所以就稱為鼻隱し。如下圖，封簷板有垂直地面設置或垂直椽木設置等各種角度、形態，在屋簷設計上是重要的部分。

使用在此切口的板為 30mm×200mm、25mm×180mm 左右的板。要用 200mm 或 180mm 的板，會依屋簷的設計來選擇，也就是封簷板的大小是在繪製設計圖時決定。

因為封簷板很容易被雨淋溼，且從屋頂流下來的雨也會流過其表面，所以必須要使用較不怕水的材質。使用木材的時候，會包上一層稱為彩色鋼板的塗裝鐵板、或是施作防水塗裝。另外還有水泥製或樹脂製的現成品，樹脂製的封簷板易於維護。

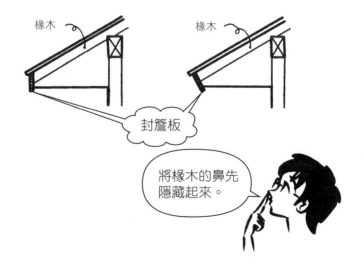

椽木

椽木

封簷板

將椽木的鼻先隱藏起來。

8

屋頂

Q 什麼是破風？
▼

A 在屋頂的山牆側上，隱藏桁條等橫材切口、椽木側面的板。

在山牆側上會有簷桁條、桁條、脊木等橫材的斷面（木材切口），雖然也有展現橫材斷面的設計手法，但為了避免被雨淋濕，一般還是會用板子把它遮蓋起來。可同時隱藏橫材的切口和椽木側面，這個遮蓋屋頂側面結構的板，就稱為破風或破風板，有時破風也用來表示破風所構成的整個三角形。

> 封簷板→遮蓋椽木的切口。
> 破風→遮蓋山牆側的橫材切口和椽木的側面。

破風的高度由橫材、椽木和屋頂坡度等來決定，畫好大圖後，必須思考如何收邊，特別在破風和封簷板相接的地方，需要謹慎行事。

因為封簷板只用來隱藏椽木的切口，所以不需要太高；另一方面，破風要隱藏椽木的側面和橫材兩部分，所以高度必須高於兩構材相加，因為是兩個不同高度的板相連，收邊方式就變得比較困難。下圖是將破風的尾端切割成水平，來配合封簷板的高度。

三角形狀的破風是屋頂斷面上可看見的部分，所以在設計上也很重要，靈車、日本大眾澡堂的入口處常常可以看見的唐破風，就是做成 S 形曲線的破風。

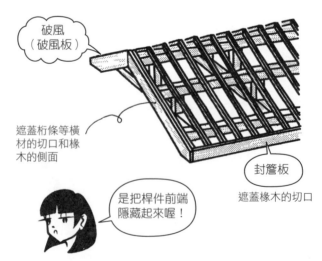

破風
（破風板）

遮蓋桁條等橫材的切口和椽木的側面

封簷板
遮蓋椽木的切口

是把桿件前端隱藏起來喔！

• 破風、封簷板容易受損，比起塗裝，更適合以板金加工彩色鋼板來處理。

Q 什麼是挑口板？

▼

A 加在椽木前端上部的板。

....

加在椽木前端切口上的板是封簷板，而加在椽木前端上部的板稱為挑口板，是斷面為 25mm×105mm 左右的板。

挑口板是種梯形斷面的板，在屋簷側較厚，而另外一側的厚度則和屋面襯板一樣，這是為了讓挑口板可以和屋面襯板完美連接，盡量讓它堅固的方式。

在將椽木切口露出的設計中，並沒有釘上封簷板，但若什麼都沒有釘，前端會搖搖晃晃的，所以在這裡釘上板子。工程順序的話，首先是在椽木前端上部釘上挑口板，這樣一來椽木就不會左右搖晃了。釘上挑口板之後，再將屋面襯板抵住挑口板來固定。

在屋簷邊緣瓦片的收邊上，挑口板也扮演重要角色，瓦片的前端會比坡度還要稍微浮起凸出，這個時候就使用挑口板。另外，在椽木前端以封簷板遮蓋的情況下，也一樣要在鋪蓋瓦片時釘上挑口板。

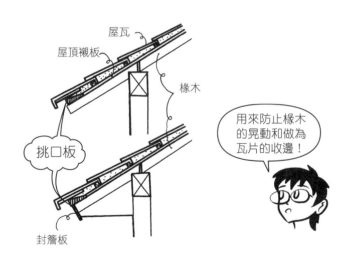

8

屋頂

Q 什麼是瀝青油毛氈？

A 把毛氈或紙浸到瀝青中，使其可防撥水，為防水用的薄片。

在屋面襯板上鋪上瀝青油毛氈是為了提高屋頂的防水性。會在瀝青油毛氈上鋪設瓦片等屋頂材。除了瀝青油毛氈外，也有樹脂製的防水薄膜。

雖然使雨水流下是屋瓦等屋頂材的功能，但有時也會發生水往下漏的情形，如果加上瀝青油毛氈的話，就可以稍稍防止屋內漏水。

如下圖，瀝青油毛氈是捲狀的薄片，在屋面襯板上以由下往上重疊的方式鋪蓋，若是從上往下重疊鋪蓋的話，水就可能會滲入。

瀝青油毛氈大多以釘槍固定，所以上面就會有洞，另外固定屋瓦用的椼條，也會在其上釘釘子，或使用釘子將屋頂材固定於其上，因此瀝青油毛氈就變成到處都是洞。

雖然釘子周圍的毛氈會將釘子包住，使水較不容易跑進洞裡，但它確實是有洞的，所以瀝青油毛氈再怎麼說都只是輔助用的防水材，不可以完全依賴它。

將瀝青油毛氈鋪設在屋面襯板上

由下往上重疊鋪蓋

基本上，屋頂材、外壁材都要由下往上重疊鋪設！

Q 石板鋪蓋屋頂的坡度為？

▼

A 3/10以上（坡度3吋以上）。

石板鋪蓋的坡度必須要3/10以上。因為是往前10吋後再往上3吋，所以稱為3吋坡度。假如說指定為35度等角度的話，較難確定設置的尺寸，所以使用十分之幾的表示方法。

雖然標準坡度是3/10以上，但如果允許的話，4/10或5/10的屋頂較容易排除雨水。基本上，屋頂坡度較陡，水較容易往下流，也比較不會漏水。只不過坡度較陡的話，也會讓屋頂的維護保養變得困難，必須設置鷹架。混凝土結構、鋼骨結構的屋頂，也是使用有坡度的屋頂較不會漏水。而做為屋頂坡度的標準，記住石板鋪蓋屋頂為3/10以上（3吋坡度以上）。

在北海道等常積雪的地方，不僅除雪很麻煩，還得擔心屋頂積雪崩落等問題，所以也有將屋頂的坡度設計成向內傾斜，在冬季的期間就讓雪直接堆積在屋頂上，這種屋頂也稱為無落雪屋頂。以前使用金屬板鋪蓋的陡坡，讓雪能自然落下，但在這個情況下，無論雪是否落下來都是很危險的，所以就讓雪直接堆積在屋頂上。雖然向內傾斜的屋頂是應對積雪的好方法，但較可能會漏水，且屋頂、外牆也容易損壞。

石板鋪蓋為3吋坡度以上。

3吋以上

10

8

屋頂

Q 金屬板鋪蓋、石板鋪蓋、瓦鋪蓋，各自的坡度為？

▼

A 分別為2吋坡度以上（2/10）、3吋坡度以上（3/10）、4吋坡度以上（4/10）。

首先要記得石板鋪蓋的3吋坡度以上是一般的標準。而在其上、下還有2吋、4吋的尺寸，但實際上，屋頂坡度大多使用3吋、4吋坡度。

鐵板等金屬板可以只用一塊板就從屋脊鋪設到屋簷，是讓水很難從中間滲入的鋪蓋方式，且表面平滑容易使水流下，所以坡度可以較緩。

瓦片則是由下而上重疊覆蓋、鋪設到屋脊處，水很容易從瓦片和瓦片間的空隙流入，所以要使用較陡的坡度避免水滲入屋內。不同的商品效果也不同，所以要仔細閱讀建材型錄。

把屋頂材的坡度關係和坡度一起記下來吧！

金屬板鋪蓋＜石板鋪蓋＜瓦鋪蓋
2/10 ＜ 3/10 ＜ 4/10

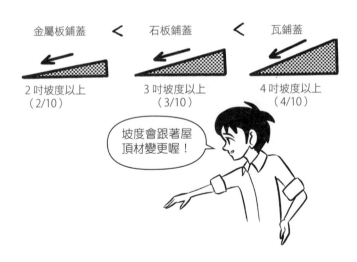

Q 什麼是石板？

▼

A 以纖維強化的水泥板。

．．．

石板（slate），原本指的是將板岩等削成薄片的石板，用來鋪設在屋頂或地板等之上。現在因為費用的關係，使用天然石板的情況相當罕見。

一般的石板為水泥製品，但只有水泥的成分會很容易破掉，所以加入纖維做為補強，以前常使用石綿（asbestos），只不過後來發現石棉為有害物質後，現都以其他纖維代替。

石板除了做為屋頂材之外，也做為外部裝潢的材料，有波板、不燃板等各式各樣的產品。不同的產品，尺寸也不太一樣，但大部分為910mm（寬）×455mm（長）左右，重3kg左右。如下圖，將其由下往上重疊，以接縫錯開的方式（1/2交丁），用接著劑和釘子貼上。

最有名的商品名稱為colonial，colonial指的是在殖民時代的美國常見的樣式，當時是以小木片鋪在屋頂或外牆的表層，和商品名稱完全沒有關係。

石板屋頂建築通常在20年後會發霉或塗裝上有所損壞，必須要重新塗裝更換，以維護保養的角度來說，使用新式建材的金屬瓦會較為輕鬆。

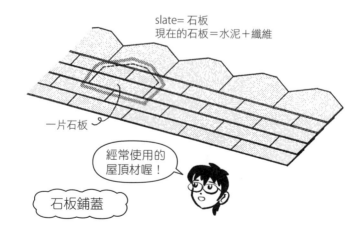

slate= 石板
現在的石板＝水泥＋纖維

一片石板

經常使用的屋頂材喔！

石板鋪蓋

8

屋頂

Q 為什麼要在石板鋪蓋屋頂的屋簷前端上加上簷口？

▼

A 為了加強屋簷前端的排水性，防止水跑進石板內部，並用來隱藏屋面襯板的木材斷面。

⬡ 石板在屋簷前端凸出，以落水管使雨水流出。屋面襯板也比封簷板還要凸出是為了不讓水跑到封簷板裡，即使如此，當水無法排除時，在強風下，很容易又跑進封簷板或屋簷裡，因應於此，簷口就出現了。

如下圖，在屋簷前端設置的簷口是L形的。L形鐵件靠近屋面襯板的那一端是往上折曲的，用來防止水往內滲入，這個部分稱為回水槽。

L形的下端則是往內側折曲，是為了使水不會在強風等時候往上跑，另外在前端折曲，也可以增加薄鐵板製成的鐵件的強度。

簷口裝設在屋面襯板的斷面上（木材斷面），也有遮蓋斷面使其美觀的效果，還能防止屋面襯板腐爛。雖然是很簡單的鐵件，卻有許多重要的功用。

簷口一般以彩色鋼板製成。彩色鋼板是在工廠經過塗裝的薄鋼板，較不易生鏽。

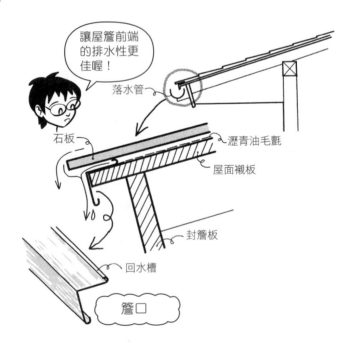

讓屋簷前端的排水性更佳喔！

落水管　石板　瀝青油毛氈　屋面襯板　封簷板　回水槽　簷口

Q 為什麼要在石板鋪蓋屋頂的山牆側上設置簷口？

▼

A 用來防止水跑進石板下方，並隱藏石板或屋面襯板的斷面。

屋頂材的山牆側斷面稱為<u>登板</u>。

登板也可以設置鐵件，和屋簷前端的鐵件一樣，主要是在收邊處，必須要藉此來當作<u>防水處理</u>，以防止雨水滲入。

登板的簷口如下圖所示，先鋪上瀝青油毛氈，接著設置屋簷處的L形簷口，並在其上釘上角材（①）；再以包覆這個角材的方式，裝上稱為<u>登板用簷口</u>的鐵件（②）。

為了讓它和石板的厚度一樣，必須使用角材，這樣一來就可以遮蓋住石板的斷面。同時也有遮蓋石板或屋面襯板斷面使其美觀的功能。和屋簷前端的簷口一樣，為了防止水滲入石板內部，而設置回水槽。

簷口是將彩色鋼板以<u>板金加工</u>製造而成，或是使用現成品。板金加工是在常溫下，裁切、彎曲<u>0.4mm的薄鋼板</u>來加工的方式。

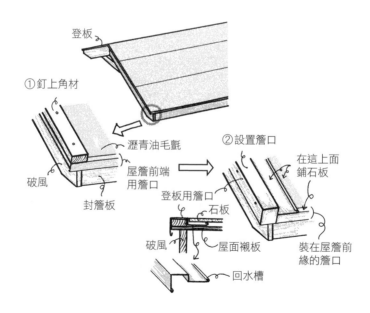

8

屋頂

Q 什麼是<u>屋脊隱藏鐵件</u>？

▼

A 為了不使水跑進屋脊裡，而將屋脊包覆住的鐵件。

....

如字面上的意思，屋脊隱藏鐵件就是將屋脊包覆住的鐵件，是防水處理上必須使用的鐵件。

兩側屋頂石板的接合處，其上端或稜線部分就是屋脊。如果不做任何處理，雨水就會從石板的縫細滲入（圖①），屋頂的其他部分因為是由石板重疊組成的，所以水比較難滲入，但屋脊僅是兩側石板接合而已，水很容易就會滲入。

所以，從上方用鐵件將屋脊包覆、蓋住（圖②），雖然將縫隙塞住了，但雨水還是有可能從固定鐵件的釘子或螺絲頭滲入。

下一步，為了不讓釘頭露出而釘上板子，再於上方覆蓋鐵件，從側面釘上釘子來固定板子（圖③）。因為釘子是從側面釘入，水就比較難滲入，最後在釘頭周圍使用稱為<u>填縫劑</u>、具有彈性的橡膠物質將釘頭覆蓋住，就萬無一失了。

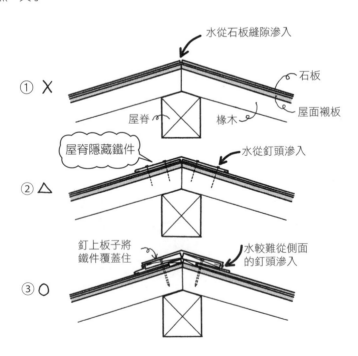

① ✗
水從石板縫隙滲入
石板
屋脊　橡木　屋面襯板

② △
屋脊隱藏鐵件
水從釘頭滲入

③ ○
釘上板子將鐵件覆蓋住
水較難從側面的釘頭滲入

Q 什麼是金屬板瓦棒（心木）鋪蓋？

A 如下圖，把稱為瓦棒的細角材釘在屋頂上，再於其上包覆金屬板來固定的
工法。

將同於地板格柵的40mm×45mm的角材，以303～455mm的間隔縱向並
排釘上，以金屬板包覆住，從側邊釘入釘子，再從瓦棒的上面，用別的金
屬板包住覆蓋，使其不會蹦開。

在屋簷前端登板的部分，則是將挑口板從橫向上釘上釘子固定住，使其不
會脫落。登板側的挑口板，因為會沿著坡度登高，所以被稱為登挑口板。
因為是沿著坡度以一整片的金屬板來鋪設，所以不用太擔心漏雨的問題。
所以用2吋坡度（2/10坡度）的和緩坡度即可，當然，坡度愈大愈安心。
還有一個步驟在下圖雖然被省略掉，但為了以防萬一，記得要在事前先鋪
設瀝青油毛氈。

這邊的金屬板指的是彩色鋼板，因為價格較便宜，所以被廣泛使用。近來
的塗裝品質優良，有建造20年的房子仍未出現鏽蝕的案例。一般會使用
厚約0.4mm的鋼板，而除了彩色鋼板之外，也會使用不鏽鋼板、銅板等
金屬板，若距離海邊比較近的建築物因較容易鏽蝕，建議使用不鏽鋼板是
較好的選擇。

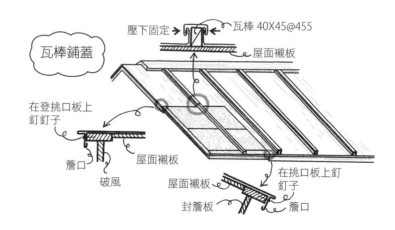

8
屋頂

Q 什麼是金屬板直立接縫鋪蓋？

▼

A 如下圖，將金屬板的接合處折曲向上以連接的鋪設方法。

....

🔷 接縫是指以板金（在常溫下的金屬加工）將金屬板接合時的接口，英文稱為 seam，而沒有接口的金屬板則稱為 seamless。

為了不讓水跑進接縫，而將接縫處豎起的方法就稱為直立接縫。這是把固定屋面襯板的金屬扣件放入各處的接縫中，再一起折曲的的。

直立接縫鋪蓋和瓦棒鋪蓋從遠處看很像，但近看的話，前者的細節比瓦棒鋪蓋更為精巧。在緩坡度的單斜屋頂上使用鍍鋁鋅鋼板（galvalume）直立接縫，是受到建築師喜愛，既俐落又現代的屋頂。鍍鋁鋅鋼板指的是鍍上鋁和鋅合金的鋼板，為較不易鏽蝕的金屬板。

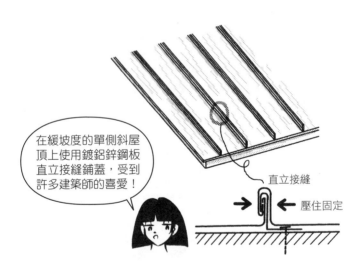

在緩坡度的單側斜屋頂上使用鍍鋁鋅鋼板直立接縫鋪蓋，受到許多建築師的喜愛！

直立接縫

壓住固定

Q 什麼是金屬板一文字鋪蓋？

▼

A 金屬板和屋脊平行，如橫向一直線般，由下往上重疊鋪蓋的作法。

 將橫向的一條直線以文字「一」來表現，因為漢字的「一」是橫向的一條直線，也就是在橫向上維持齊平。使用在屋簷前緣，下緣呈筆直狀的瓦片，就稱為一文字瓦，同樣是從漢字的「一」的形狀而來。

鋪設金屬板時，將板橫放、從上方重疊時，板與板的接縫以寬度的1/2長錯開鋪設，橫向的接縫相連，但縱向的接縫相互錯開。接縫像這樣子不呈現一直線，而是互相錯開的鋪法，是為1/2交丁。接縫不錯開的鋪法是平貼法。

金屬板與金屬板的相接處會捲在一起，以防止雨水進入，並且為了把金屬板固定在屋面襯板上，而使用小小的、稱為短柵鐵件的鐵件。

金屬板一文字鋪蓋，是比瓦棒鋪蓋費工、也較高級的鋪設方法。因為高級所以常用銅板等高價的材料。有時為了避免在凸出大片屋簷的屋頂上使用沉重的瓦片，也會採用較輕的金屬板一文字鋪蓋。

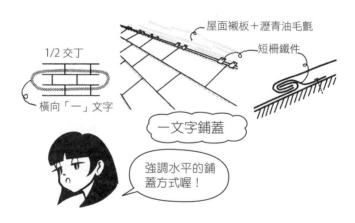

屋面襯板＋瀝青油毛氈

短柵鐵件

1/2 交丁

橫向「一」文字

一文字鋪蓋

強調水平的鋪蓋方式喔！

8

屋頂

Q 什麼是<u>本瓦鋪蓋</u>？

A 如下圖，用平瓦和圓瓦交錯組合鋪設的瓦鋪蓋。

只排列平瓦的話，雨水會從接合處滲入，因此將圓瓦蓋在接合處的上方，避免雨水滲入接合處。

使用這樣的方式，整體看起來就變成由圓瓦縱向排列的氣派屋頂，通常使用在神社、佛閣、城郭等屋頂，住宅則極少見到這種屋頂。

平瓦   雨水會滲入

圓瓦   蓋住接合處

平瓦＋圓瓦就是本瓦！

Q 什麼是棧瓦？

▼

A 如下圖，結合圓瓦和平瓦的特點而成，斷面呈S形的瓦片。

擁有圓瓦和平瓦各自的特徵，簡化而成的就是棧瓦，又稱文化瓦。因為S形凸起的部分，排成一列時看起來很像糊紙拉門的棧，所以有了這個名稱。另外一個說法是因為在屋頂上使用棧（細桿件）來固定的瓦片，而稱為棧瓦，但其實最初並沒有使用棧，而是使用土來鋪設，所以這個說法是錯誤的。雖然神社、佛閣、城堡、武家等建築會用本瓦鋪蓋屋頂，但缺點便是屋頂會變得很重，因而使用改良後的棧瓦。

一般瓦片是用黏土燒製而成，銀燻色、銀灰色較受歡迎。燻是指以金屬元素如硫磺等煙燻瓦片上色，燻過呈銀色而被命名為銀燻色。

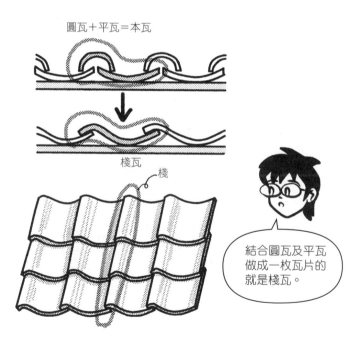

圓瓦＋平瓦＝本瓦

棧瓦
棧

結合圓瓦及平瓦
做成一枚瓦片的
就是棧瓦。

8

屋頂

235

Q 什麼是勾棧瓦？

▼

A 如下圖，在掛瓦條上以勾住的方式固定的棧瓦。

以前是在屋面襯板鋪土（鋪蓋土）來固定瓦片，但因為鋪土會變重，瓦片也容易偏移，所以設計出垂直屋頂坡度，打橫釘上稱為掛瓦條的棧（細桿件）的方式，好用來勾住瓦片。

在瓦片的內側，有個用來和棧勾住的凸起，勾住之後比較不會掉落。且為了可以在棧上釘釘子，也會在瓦片上開洞。

從上方俯視瓦片，瓦片的右上和左下角會有個缺口，這是讓瓦片可以相互組合、堆疊的設計，另外也可以使瓦片和左上方的瓦片在同一個平面上，因為交叉的部分是4片瓦片重疊，如果沒有這樣子的設計，就沒辦法好好地重疊。

在屋面襯板上鋪上瀝青油毛氈，水從瓦片上往下流，會集中在掛瓦條處。而為了防止發生這樣的情形，會在縱向上（沿屋頂坡度）釘上薄棧，再於其上以橫向釘上掛瓦條，這樣一來水就會從掛瓦條處往下流出。下圖是省略縱向的棧的圖。

現今仍在使用的和瓦（相對於洋瓦的稱呼）幾乎都是這種勾棧瓦。

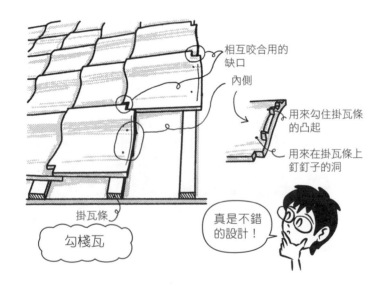

相互咬合用的缺口

內側

用來勾住掛瓦條的凸起

用來在掛瓦條上釘釘子的洞

掛瓦條

勾棧瓦

真是不錯的設計！

Q 如何處理屋簷處的棧瓦？

▼

A 如下圖，使用饅頭軒瓦或是一文字軒瓦來做漂亮的收邊。

．．．

如果直接露出瓦片的重疊部分，看起來不太美觀。所以就設計出用圓形將重疊部分隱藏起來的瓦片，因為圓圓的形狀看起來像是饅頭，因而稱為饅頭瓦片或是饅頭軒瓦。

比饅頭軒瓦高級的軒瓦有一文字軒瓦，因為瓦片下方會呈現橫向的一直線，像是漢字一的形狀，所以稱為一文字瓦或是一文字軒瓦。要讓瓦片下方呈現一直線，需要較高的施工精度，饅頭瓦的話只要重疊就可以了，一文字瓦就必須要使高度完全一樣。

屋頂坡面上的普通瓦片是地瓦，而在屋簷處或是登板等特殊部位的瓦片（簷端瓦或邊瓦），則稱為役瓦。貼在角落的磁磚稱為役物，兩者的役是一樣的意思。

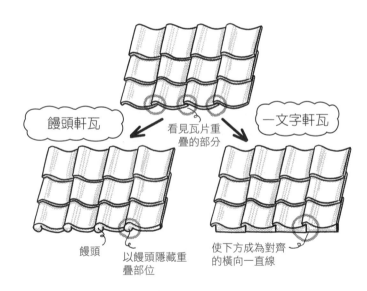

饅頭軒瓦 看見瓦片重疊的部分 一文字軒瓦

饅頭 以饅頭隱藏重疊部位 使下方成為對齊的橫向一直線

Q 如何處理棧瓦的登板呢？

▼

A 如下圖，使用登板瓦來收尾。

....

登板就是屋頂側面的端部。只有鋪上普通棧瓦的話，可清楚看到屋面襯板，除了雨水會跑進去外，看起來也不美觀。

在這裡就使用特別的瓦——役瓦。因為是使用在登板的役瓦而稱為登板瓦（邊瓦），又因為是屋頂的袖子部分，所以也稱為袖瓦、袖形瓦。

如下圖，登板瓦是在瓦片側面加上延伸下垂的設計，使其將側面覆蓋住，並在端部折曲，使水不會跑進去，另外可以讓瓦片和瓦片的重疊部分變得較美觀。

在屋簷處的瓦片也有加上像這樣子的下垂設計。在屋簷處必須完全地排出雨水，下垂設計可用來遮蓋構材的斷面，還可讓排水變得容易，防止雨水滲入等，有許多的功用。

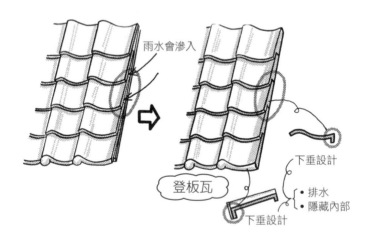

Q 如何處理棧瓦的屋脊呢？
▼

A 如下圖，使用<u>平瓦</u>、<u>冠瓦</u>來收尾。

棧瓦若直接在屋脊上接合，雨水仍會從接合處滲入。因此，先試想在接合處上鋪蓋圓瓦，但只是蓋上圓瓦的話，必須加大其尺寸，而且棧瓦和圓瓦的接合部位就變成只剩下圓瓦的厚度，雨水會容易滲入。

接著，試試將平瓦如雨庇般伸出的方式來設置，再於其上鋪設圓瓦（冠瓦）吧！ 這樣一來，棧瓦和平瓦的接合面就會變得較大、較廣，且因為平瓦是以雨庇狀延伸而出，雨水就比較不會跑進去。

在平瓦、圓瓦的內側放入<u>灰泥</u>。灰泥是由石灰、麻的纖維、海藻糊等製成，<u>可防水的土材</u>。在屋脊上塗上灰泥，再於其上重疊覆蓋平瓦，最後蓋上圓瓦，並使用鐵線或銅線使其綁在鋪底上不會掉落。

圓瓦加平瓦的屋脊，其山牆側端部是設計上的重點，會使用稱為<u>鬼瓦（脊頭瓦）</u>、巴瓦等特殊瓦片蓋住尾端。冠瓦與鬼瓦不緊密接合的話可能導致漏水。老舊的話建議以密封劑塗封。

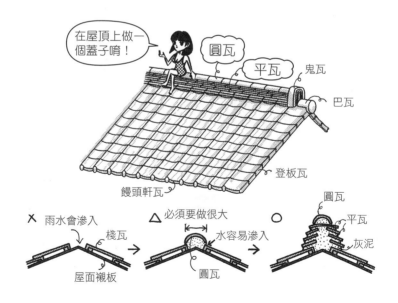

Q 什麼是<u>西班牙瓦</u>？

▼

A 如下圖，看起來像是以半圓筒形並排而成，橘色的西班牙瓦片。

就像日本的本瓦一樣，一開始是在下方的瓦片上以半圓筒形的蓋子覆蓋住，現在使用的則幾乎都是經過改良，將兩個瓦片做成S形斷面的瓦片。

在西班牙的民房中，常常可以看到白色的牆壁配上橘色的瓦屋頂。因為對這種風格的憧憬，在日本也建造出類似西班牙民房的房子，但西班牙瓦本身給人的印象比和瓦還要粗糙、不精緻。

西班牙瓦除了從歐洲進口之外，也有國產的。根據不同的製造商有各式各樣的產品，所以在設計的時候必須要看型錄或樣本來選擇。

西班牙和日本的氣候不同，進口的西班牙瓦中，會有會吸水的瓦片，如果吸收水分的話，凍結時可能會爆裂，所以選擇時要比和瓦來得更慎重。

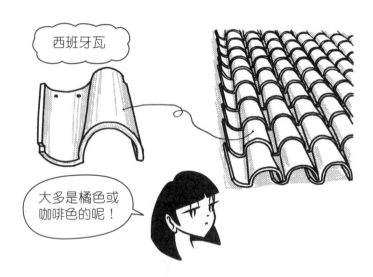

西班牙瓦

大多是橘色或咖啡色的呢！

Q 除了棧瓦、西班牙瓦等黏土瓦之外，還有怎樣的瓦片呢？

▼

A <u>水泥瓦、金屬瓦</u>等。

....

也經常使用在水泥裡混入纖維後固結的<u>水泥瓦</u>、平坦的石板（colonial 等），也因為是水泥加纖維，所以也會把石板稱為水泥瓦，或是依主要製造商的名字而稱為積水瓦等。因為水泥瓦的尺寸一般比黏土瓦大，施工時較省時。

<u>金屬瓦</u>是將電鍍、塗裝後不會生鏽的金屬折曲成波浪狀的瓦片。最近常常會使用鍍上鋅和鋁的鍍鋁鋅鋼板。

因為金屬瓦較輕，可以做得比水泥瓦還要大，也就可以使整個屋頂變輕。下圖所畫的是橫長的產品，另外也有縱長的產品。和金屬板鋪蓋一樣，因為容易傳導太陽的熱能，而必須要有應對方案。耐久性和造價來看，依序大致為：

　　黏土瓦＞水泥瓦＞金屬瓦

但是隨著金屬塗裝和鍍層技術的進步，有經過20年也不會鏽蝕的金屬瓦片，而水泥瓦和石板一樣20年就必須重新塗裝，所以無法說哪一種方式比較好。

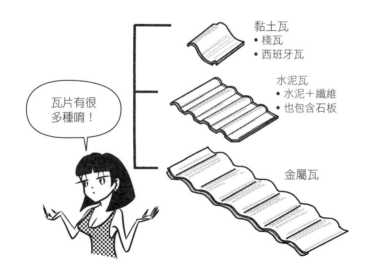

黏土瓦
• 棧瓦
• 西班牙瓦

水泥瓦
• 水泥＋纖維
• 也包含石板

金屬瓦

瓦片有很多種唷！

8
屋頂

Q 什麼是<u>浪板屋頂</u>？

▼

A 以折曲成山形的鋼板連接而成的鋸齒狀屋頂。

⬛ 一張紙張顯得單薄，但如下圖將紙張折疊就會變堅固，<u>浪板</u>即是運用這個原理。

浪板屋頂是使用在工廠、體育館、倉庫、車庫、輕量鋼骨公寓等建築的屋頂材，在需要以便宜價格鋪設大片屋頂時，浪板屋頂就是一個好選擇，最近也會使用在木造住宅上。

浪板屋頂每一個折線的部分皆具有椽木的功用。支撐浪板屋頂的結構也只要在屋頂坡面上垂直設置橫材就可以了，浪板屋頂是以螺栓固定在該橫材上。橫材間的間隔會受其厚度影響，但還是約1間。

因為只是把鋼板折曲，鋼板會完全地接收日照，因此市面上也有在內部釘上隔熱材料的浪板。為了不讓浪板鏽蝕，也會施行各種處理，如在表面塗裝等。浪板屋頂幾乎都只用在單斜屋頂上，若要避免端部參差不齊，就必須要注意端部的收邊方式。

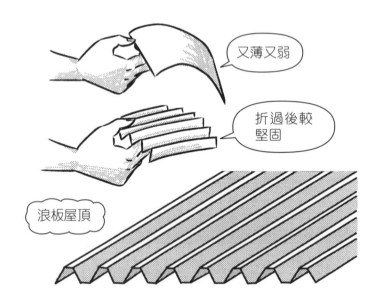

又薄又弱

折過後較堅固

浪板屋頂

Q 石板屋頂、瓦屋頂要如何防止雪滑落（日文：<u>止雪</u>）呢？

A 如下圖，加上<u>止雪鐵件</u>或使用<u>止雪瓦片</u>。

....

屋簷處的積雪滑落時，有可能會危害到周圍的建築物或人，所以要在屋頂上安裝可以把雪卡住的止雪鐵件。

石板鋪蓋屋頂的話，有著鋼製薄板折曲而成的專用鐵件，將其插入上方石板之下，然後勾住石板的邊緣或是釘上釘子固定。

瓦片中有一種可擋雪的瓦片，只要將這種瓦片鋪設在接近屋簷的地方就可以了。此外，後來才在瓦屋頂上加止雪鐵件時，要先將上方的瓦片取下，再用鐵件勾住瓦片邊緣以固定。

瓦棒鋪蓋、金屬板鋪蓋的屋頂則更簡單，只要在縱向的瓦棒上，橫向釘上L形斷面的鋼製桿件（角鐵）或不鏽鋼製的管子就可以防止積雪滑落。在豪雪地帶，需要更仔細設計該如何擋雪。也有一種方式是把屋頂做成往內傾斜，使雪在冬季期間不會從屋頂滑落地面（無落雪屋頂），這種屋頂在北海道很常見。

把雪 hold 住就可以囉！

石板的止雪

止雪的瓦片

瓦片的止雪

止雪鐵件

Q 哪一種屋頂或是哪些部位容易漏雨？

▼

A 如下圖，在凹處或是直立豎起的部分較容易漏雨。

....

有些屋頂在組合之下，會形成內凹如谷地的形狀，因為凹處是水匯集的地方，所以在設計時，原則上應盡量避免讓屋頂出現內凹形狀。但若是避免不了，要謹記凹處容易漏雨，所以必須設法讓水能完全排出。比方說裝設大型的落水管、設置多個出水口（drain，排水管），並加上網子使落葉不會阻塞排水管等。

屋頂和牆壁相接的屋頂直立部位、為防水處理而豎起的部分，也是常常出現問題的地方，必須要在牆壁側，讓屋頂材或防水層等直立部分可以大大高起。

在採光用的天窗或煙囪也會有直立的設計，這些直立或凹下的部位若沒有徹底做好防水處理，就會變成漏雨的根源。

- 漏雨會集中在凹處和直立的部分。特別是金屬板屋頂的直立部分最常出問題，颱風時因強風將雨水往上吹而跑進牆壁內。請記得要做一些處理，如將金屬板的直立部分加大，並在最上端加設回水槽等。

Q 屋簷天花（屋簷內側）的斜度最好是怎樣的形狀？

▼

A 基本上最好是向外傾斜。

．．．

使水流向建築物外部是基本原則與要求，如果水往建築物流，會容易跑進建築物內，損及建築物，所以應該設計在強風中也不會使雨水跑到內側的屋簷形狀，屋簷內側的斜度如下圖，考慮的順序為：

向外傾斜＞水平＞向內傾斜

若從造形美觀與否來看，採用水平為多數，但如果從排水的功能來看，則會選用向外傾斜，盡可能避免向內傾斜。

單斜屋頂的屋簷上方在防水上也是常常出現問題的地方，最好是能將屋簷做成彎曲並向外傾斜，但如此一來造形就變得不好看。在屋簷天花和牆壁的連接處上必須要做包覆防水薄膜等處理。

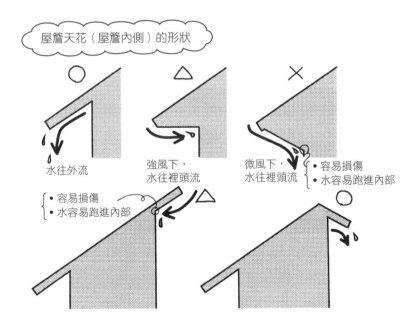

屋簷天花（屋簷內側）的形狀

○ 水往外流

△ 強風下，水往裡頭流
・容易損傷
・水容易跑進內部

× 微風下，水往裡頭流
・容易損傷
・水容易跑進內部

○

・建築師之間也流行起即便是木造也偏好蓋成箱狀的不好的潮流。追本溯源的話，源頭是柯比意等人領軍的二十世紀初葉的現代建築運動，採用盡可能不伸出屋簷的形式，但卻是與防雨背道而馳的設計。

8

屋頂

Q 鋪設在屋簷天花的板子材質通常為？

▼

A 水泥類的<u>矽酸鈣板</u>、<u>纖維強化水泥板</u>等。

 由於防火的緣故，一般天花板很少會鋪設木板，大部分是使用水泥材質的板子，也有用塗上水泥砂漿的方式來處理，但要注意容易會有油漆脫落或產生裂縫的情形。

只用水泥做成板子的話，很快就會破掉，所以加入纖維以增加黏性，以前是加入<u>石綿</u>，但因其為有害物質，現在改用其他的纖維來替代。在水泥類的板子中，以矽酸鈣板為最大宗，也被稱為<u>矽鈣板</u>。矽酸鈣板是以矽的化合物，在其中混入纖維和水泥而做成的板，具有良好的耐熱及耐水性，除了使用在屋簷天花之外，也被廣泛使用在廚房、浴室等有水的地方，因為可以直接將釘子或螺絲釘入，施工也簡單許多。

<u>纖維強化水泥板</u>是在水泥中加入纖維使其柔軟（具彈性）的板子。

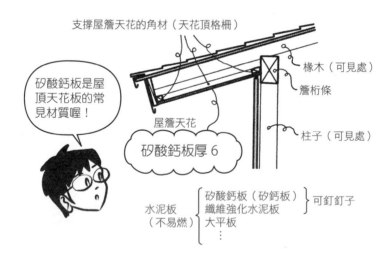

支撐屋簷天花的角材（天花頂格柵）

椽木（可見處）

簷桁條

矽酸鈣板是屋頂天花板的常見材質喔！

屋簷天花

柱子（可見處）

矽酸鈣板厚 6

水泥板（不易燃）｛矽酸鈣板（矽鈣板）／纖維強化水泥板／大平板 ⋮｝可釘釘子

Q 附設在落水管上的集水器為？

▼

A 如下圖，設置在屋簷落水管和豎向落水管的交接處，用來承接水的盒子。

....

若直接將屋簷落水管（簷口天溝、橫落水管）和豎向落水管（縱落水管）
相連，下大雨時水會滿出來，所以將水先集中到盒子內再排出，這樣也較
容易引入空氣，使得流動更順暢。

大型集水器的上方較大、而下方較小，像是漏斗的形狀，而大開口處看起
來像是鮟鱇魚，所以在日文裡又稱為「あんこう」（鮟鱇）。

豎向落水管會連到地面上和地上的排水管相連。雨水先進入雨水漏斗後，
再流進排水管，縱管裡的水先進入到漏斗裡，再流到橫管，水流較為順
暢。是在落水管上加上集水器一樣的原理。

　　屋簷落水管→集水器→豎向落水管
　　豎向落水管→雨水漏斗→排水管

因為集水器的外形不是很美觀，所以有時候會省略，這時就必須要設置更
多的豎向落水管來補強。

落水管的日文：樋，因為是木字邊，可以想見以前大多都是由木頭製成
的，但現在的屋簷落水管幾乎都是樹脂製的現成品，或也有將銅板或不鏽
鋼板等彎曲製成的落水管。

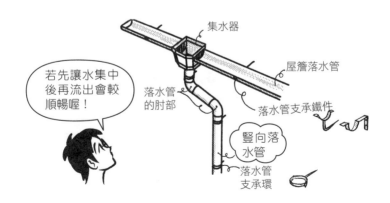

集水器

若先讓水集中
後再流出會較
順暢喔！

屋簷落水管

落水管
的肘部

落水管支承鐵件

豎向落
水管

落水管
支承環

8

屋
頂

Q 什麼是內落水管？

▼

A 如下圖，隱藏在內側的屋簷落水管（簷口天溝）。

是安裝在屋簷前端內側的落水管，因為是箱形，所以也稱為箱落水管（日：箱樋），是讓屋簷收邊更乾淨俐落的設計。

必須要特別注意內落水管的防水。因為若是雨水流進內側，不只是屋簷天花板，還會損及屋頂本身的結構。

落水管斷面的長寬尺寸會做得較大，這是為了避免水溢出來，同時也會使用較厚的不鏽鋼或彩色鋼板降低破洞的機率。

落水管外側的高度比內側低，是為了在水滿出來的時候，可以讓水往外側流出的設計。

通常會設計好幾個豎向落水管，一個地方阻塞的話，還可以流向其他地方。因為無法設置集水器，所以在銜接豎向落水管處，為了使水可以順暢流通及不會外漏，必須要慎重處理。

下圖是在金屬板瓦棒鋪蓋上做內落水管的例子：有時會如圖般，不將內落水管設置在屋簷處，而是設置在外牆內側，通常是使用在外觀為箱形的建築物，要特別注意的是，此種設計若遇到漏水的情形，水便會跑進建築物內側，必須要特別注意。

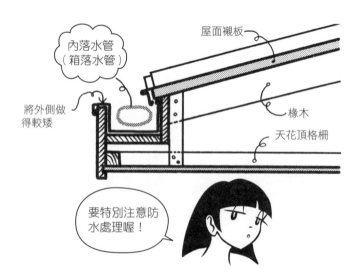

Q 如何畫出比例尺約 1/100 的山形屋頂立面圖？

▼

A 會根據屋頂材的不同而有所差異，下圖是瓦屋頂的情形。

初學者在畫立面圖時，常常會忘記畫出屋頂的厚度。明明記得在山牆側畫出屋頂厚度，在平側上卻總是會忘記畫。

屋頂的厚度最先是屋頂材的斷面。有軒瓦的厚度、石板本身的端部和簷口，金屬板則有著簷口的厚度。在 1/100 的圖上，可以大致畫成 50mm（圖面上為 0.5mm）厚。

在屋頂材下方可以看見的厚度，<u>通常是用來隱藏支撐屋頂材的椽木或桁條</u>等結構材板材的厚度，在山牆側稱為破風，在平側稱為封簷板。

因為破風還要遮蓋桁條，所以一般來說會比封簷板還要大，這個部分的厚度差異會在兩者相接的角落上做調整。一般<u>封簷板的厚度為150～200mm（1.5～2mm）左右，破風為 200～250mm（2～2.5mm）左右</u>，下圖是以一樣的厚度來畫。

<u>瓦屋頂的屋頂表面的線，是以 250mm（2.5mm）左右的間隔畫上縱向的細線</u>，這個線只當作圖面標記、記號，實際使用的瓦片尺寸還要更複雜一點。

<u>石板的話則以 50mm（0.5mm）的間隔畫上橫線</u>，若這樣畫讓間隔太密，整個圖面看起來很黑時，則調整為 75 或 100mm。

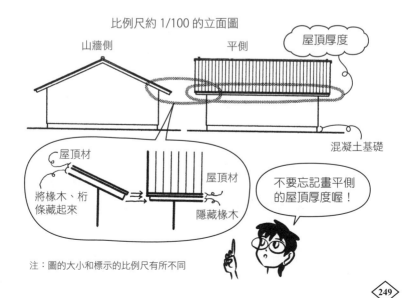

比例尺約 1/100 的立面圖

山牆側　　　　　　　　平側　　　　屋頂厚度

混凝土基礎

屋頂材

將椽木、桁條藏起來

屋頂材

隱藏椽木

不要忘記畫平側的屋頂厚度喔！

注：圖的大小和標示的比例尺有所不同

8

屋頂

Q 如何畫出比例尺約 1/100 的山形屋頂斷面圖？

▼

A 如下圖所示。

即使是初學者，也可以馬上畫出如左下圖，具三角形屋頂坡度、梁間方向的斷面圖。右下圖的屋頂是桁行方向，呈水平的斷面圖，很多初學者都容易搞錯。

在畫兩側屋簷延伸的部分時，要畫出屋頂（屋簷）的厚度。

根據剖切位置的不同，畫出來的斷面圖就會有所不同。屋頂從剖切處是往上延伸的時候，就必須畫出屋頂的可見面，因為越往內，屋頂會越變越高，從而可以看見升高部分的屋頂。

如果剖切位置超過屋脊的話，屋頂就變成往下降，就必須要畫出對側向下降的屋簷天花的可見處。

在畫桁行方向的斷面時，要注意以下3點：

① 左右水平的屋簷延伸部分。
② 往上升時屋頂的可見處。
③ 往下降時屋簷天花的可見處。

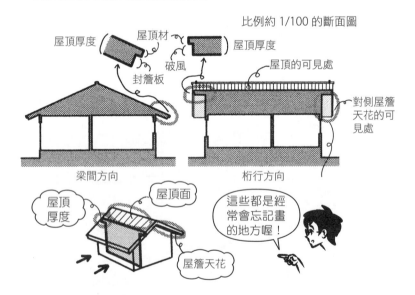

比例約 1/100 的斷面圖

屋頂厚度　屋頂材　屋頂厚度

破風

封簷板

屋頂的可見處

對側屋簷天花的可見處

梁間方向　　　桁行方向

屋頂厚度　屋頂面

這些都是經常會忘記畫的地方喔！

屋簷天花

Q 如何畫斷面圖的基準線？

▼

A ①GL、②GL往上0.5m處畫1FL、③層高取3m後畫2FL、④層高取3m後畫簷高、⑤主要的壁心、⑥以簷高與壁心的交點為起點，畫屋頂的基準線、⑦2FL、簷高往下0.5m處畫天花板高度。

⬛ 手繪與使用CAD畫時，前者是用細線，後者用細鏈線。先畫一條長一點的GL線，再依序畫上GL→1FL→2FL→簷高→壁心→屋頂的基準線→天花板高。為了初學者方便記憶，下圖將數字簡化。

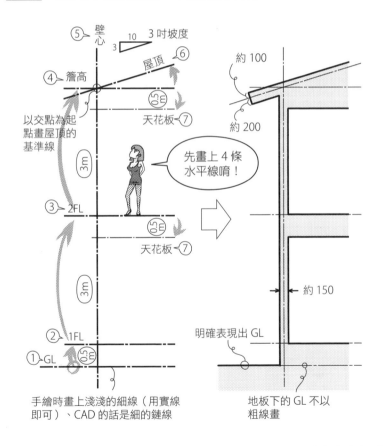

⑤ 壁心　　10　3吋坡度
　　　　3

④ 簷高　　屋頂 ⑥
以交點為起點畫屋頂的基準線

天花板 ⑦

(3m)

先畫上4條水平線唷！

③ 2FL

天花板 ⑦

(3m)

② 1FL

① GL

手繪時畫上淺淺的細線（用實線即可）、CAD的話是細的鏈線

約100

約200

約150

明確表現出GL

地板下的GL不以粗線畫

8

屋頂

• 雖然1FL為GL+0.5m，但若是底板混凝土、筏式基礎，也可採用GL+0.3m。此時要注意豪雨時可能淹水。
• 層高為3m，但也有2.8m、2.9m。2X4工法的話也可以用2.7m。

Q 陽台、室外走廊等處的平坦屋頂可以使用木材來建造嗎？

▼

A 使用不鏽鋼防水、FRP防水、聚胺酯防水塗料、防水薄膜等的話即可用木造。

. . . .

 不能以木頭來建造平坦的屋頂，在陽台下方絕對不可以設置房間，這都是過時的觀念了。當時是先在陽台下的樓層建造屋頂，再在其上設置可讓水通過的板條狀地板（為了讓雨水可以往下流，鋪設板材時留下細縫），而現在因為防水技術的進步，木造建築也可以建立平坦的屋頂了。

最便宜的方式是使用防水薄膜。將具有彈力、樹脂製的薄布貼在鋪底的板上做成防水層，雖然在上面走動也沒關係，但是在室外走廊等人們頻繁通過的地方，容易摩擦損傷薄布，另外在陽台上若有香菸的菸頭掉落，也會讓薄膜上穿孔。

FRP防水（Fiberglass Reinforced Plastics）是指用玻璃纖維來強化的塑膠，系統衛浴等也是FRP製成的，先將網狀的不織布（不是用線編織成的布，而是纖維接著或用熱接合成網狀的布）貼在鋪底板上，在上面塗上FRP防水劑，然後再反覆貼上不織布、塗上防水劑做成防水層，這種方法具備耐摩、不會因菸頭的火苗而破洞的特性。聚胺酯防水塗料也同樣是以塗布聚胺酯塗料來創造防水層。

不鏽鋼防水則是將不鏽鋼板焊接的防水工法，較不容易劣化，但是造價較高。使用在陽台等地方時，在不鏽鋼防水層的上方會再鋪設板條狀地板。

木造建築也可以做成平坦的屋頂！

• 陽台
• 室外走廊
• 平板屋頂

• 不鏽鋼防水
• FRP 防水
• 聚胺酯防水塗料
• 防水薄膜
⋮

Q 為什麼防水層要設置直立部？

▼

A 為了讓水不會往外側流出。

碗或鍋子會有邊緣，若沒有邊緣，水會容易溢出，防水層的直立部也是以同樣的原理設計。

直立部對於防水是非常重要的，如果施工隨便，水分很有可能會滲入防水層的外側或牆壁內部，而水若從窗框下的直立部滲入的話，下層的房間就會漏水。

窗框下的防水層以帽簷狀的窗框隔水金屬扣件來鎖住固定，並且打上具有彈力的密封劑避免水滲入。

外側的腰牆（及腰高度的牆壁）側也有防水層的直立部，讓它伸入隔水金屬扣件的後方並打上密封劑。並且從靠窗戶側向外設置排水坡度，排水坡度以1/50（往前50往下1的坡度）施作。

因為防水層需要直立部，所以陽台的FL（地板高）會比房屋的地板高還要低。若是無論如何都要讓兩者等高時，會在陽台上鋪上塑膠製的板條等構材來調整高度。直立部太低的話，豪雨時可能會排水不及，使樓下漏水。建議直立部要有150~200mm、2個以上的排水口。

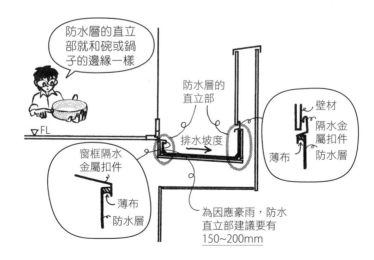

防水層的直立部就和碗或鍋子的邊緣一樣

防水層的直立部

壁材
隔水金屬扣件
薄布
防水層

▽FL

排水坡度

窗框隔水金屬扣件
薄布
防水層

為因應豪雨，防水直立部建議要有150~200mm

8

屋頂

Q 什麼是 <u>drain</u> ？
▼

A 從防水層使水向下或往旁邊流出的排水口。

....

◆ 排水口或排水口的五金鐵件，稱為 drain 或是 roof drain。下圖是將水往下排出的類型，也有橫向排出的形式。

排水口材質有鋁製、不鏽鋼製、鐵製、樹脂製等各種材質，其中樹脂製的排水口的缺點是容易被踩壞。

排水口會以防水層包覆，從上方蓋上蓋子。因為會聚集落葉或垃圾，所以通常會將蓋子做成網狀，維護管理上必須定期掃除垃圾。

如果排水口的施工很隨便的話，容易會有漏水的情形。排水口和防水層的直立部是防水層的弱點，如果發生漏水情形時，最好先檢查這些部位。

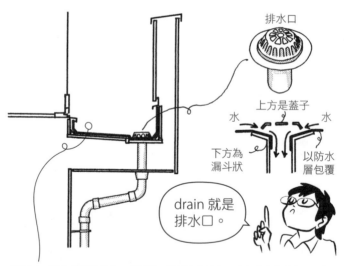

排水口

上方是蓋子

水　　　水

下方為
漏斗狀

以防水
層包覆

drain 就是
排水口。

豪雨時，雨水會匯聚於此，所以設 2 個以上的排水口，如果允許的話，最好是在陽台上方設置屋頂，讓屋頂的雨水排到陽台之外。

Q 什麼是<u>壓條</u>？？

▼

A 附設在女兒牆等的上方的橫材。

壓條的日文叫作笠木，在日文裡原是當作斗笠的木材，但不是木頭也可稱為笠木。不只使用在外部裝潢，內部裝潢也會使用，例如加在樓梯腰牆上的橫材也稱為壓條。

在陽台的女兒牆上方一定要加上壓條。在這裡如果沒有壓條，雨水會容易跑進牆壁裡，這是利用壓條蓋住上面，來防止雨水進入。

也有用<u>彩色鋼板</u>做成的壓條，市面上大多數的產品是<u>鋁製壓條</u>。使用鋁製品的話，只要壓條相接處的防水或和牆壁的接合處處理得宜，就不用擔心鏽蝕。

安裝壓條的時候一般是<u>往內傾斜</u>安裝，因為如果向外傾斜的話，雨水會將壓條上堆積的灰塵一起往外側流出而將牆壁弄髒。在現成品中也有上部是平坦的產品，但最好還是選用往內傾斜的產品。

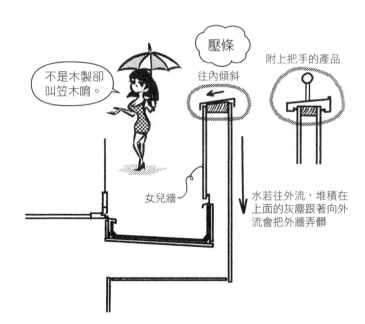

不是木製卻叫笠木唷。

壓條

往內傾斜

附上把手的產品

女兒牆

水若往外流，堆積在上面的灰塵跟著向外流會把外牆弄髒

8

屋頂

Q 什麼是鋪設雨淋板？

▼

A 如下圖，將板子由下往上重疊鋪設外牆的方法。

因為鋪設時，板的斷面是向下，所以在日文裡稱為下見板，又因為一層一層的形狀像是盔甲的表面，所以也稱為盔甲鋪設（日：よろい張り）。

像這樣子從下往上重疊鋪設的方法，和石板或瓦片等屋頂材的鋪設方式是一樣的，重點是為了防止水跑進去而重疊設置。

直接將雨淋板重疊設置的方式為英式系統雨淋板，而將上下兩片木板嵌接成同一平面的方式，則是德式系統雨淋板，互相卡接的方式稱為半槽邊接。

在英式系統雨淋板裡，通常使用稱為押緣的細桿材從上方壓住，緣在此是指細桿件，用釘子將押緣固定，使板子不會掉落。

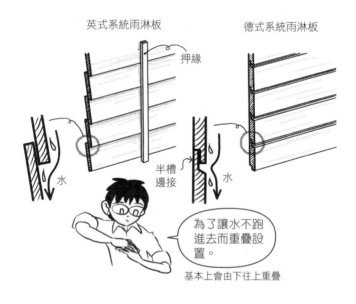

英式系統雨淋板　　　德式系統雨淋板

押緣

水　半槽邊接　水

為了讓水不跑進去而重疊設置。

基本上會由下往上重疊

Q 什麼是雨淋板（siding）？

▼

A 鋪在外牆上，由水泥或金屬製成的板子。

在英語的原意中，siding指的是鋪設在同一平面，寬度狹窄的板材（日：下見板或羽目板）。而在日文中則泛指以半槽邊接等方式來銜接鋪設的外部裝潢的板，都可稱為雨淋板。

如下圖，以前只有接縫呈現橫向、以橫向鋪設的板，現在市面上則有在表面加上磁磚狀的凹凸紋路等各種圖樣的雨淋板材。

其接縫一般是和德國系統雨淋板相同的半槽邊接方式，但也有更進一步改良半槽邊接，使其更容易釘上螺絲且更不容易漏水的產品。雖然也有在鋪設後才塗裝的情形，但一般都是用預先加工的板，就可省去最後一道工程，減少工程量。

雨淋板的材料大致分為水泥類和金屬類，水泥類的雨淋板也稱為窯業類雨淋板。窯業就是加熱黏土或水泥等製成陶瓷品、瓦片、玻璃、水泥等的工業，因使用窯而稱為窯業。而水泥即便凝固也會馬上破裂，而加入各種纖維。金屬類則主要使用鋁和鋼。

雨淋板材的厚度為12～16mm。約20年便需要重新塗裝。

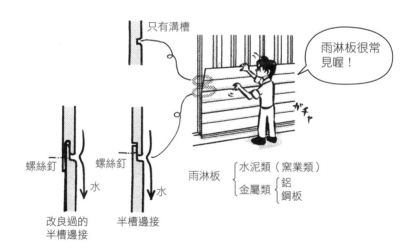

9

外部裝潢

Q 什麼是鍍鋁鋅鋼板？

▼

A 鍍上鋁鋅合金的鋼板。

....

在熟鐵（iron）裡加入碳會變成韌性較強的鋼（steel）。在鋼的表面上電鍍（表面處理）使其不易鏽蝕，以做為外部裝潢的材料。鍍鋅板為鍍鋅鋼板，而再加上鋁使其更不容易鏽蝕的就是鍍上鋁鋅合金的鍍鋁鋅（galvalume）鋼板，廣泛使用在屋頂材、雨淋板材上。

角形波浪狀鍍鋁鋅鋼板的雨淋板材最近被廣泛使用。除了不易鏽蝕外，也有不少在內部加入發泡材來增加隔熱性的產品。但是如果破損，容易從破損處鏽蝕，所以在拿取、安裝的時候要特別注意。

接合處也有如下圖，除了半槽邊接，再加上2枚如薄刃般的凸起和橡膠填料的產品。這種複雜的接口，讓鋼板不只水平，也可以垂直方向搭接使用。

不同於普通的曲面浪板，角形波浪狀予人俐落的印象，搭配上塗裝的顏色，經常使用在建築師所設計的現代風格住家。

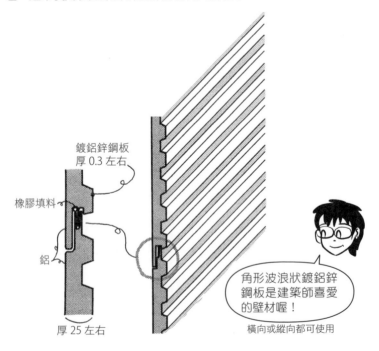

鍍鋁鋅鋼板
厚 0.3 左右

橡膠填料

鋁

厚 25 左右

角形波浪狀鍍鋁鋅鋼板是建築師喜愛的壁材喔！

橫向或縱向都可使用

Q 什麼是ALC板？

▼

A 高壓蒸氣養護輕質氣泡混凝土。

ALC就是Autoclaved Light-weight Concrete 的縮寫，直譯的話就是「高壓蒸氣養護輕質氣泡混凝土」，一般稱為ALC。

ALC 板的特性就像是浮石（輕石）般，在板的內部有許多氣泡，使得它比混凝土還要輕許多，而且較不易導熱，用鋸子就可以輕鬆裁切，木工用的鑽孔機也可以很容易地在上面開孔，又因為是浮石，所以相當耐熱，但也有著容易缺損、碎掉等缺點。

木造建築用的ALC板厚度有35、50mm 等規格，而在鋼骨結構建築中常用的厚度大約是100mm。

ALC板大多為鋪設完成後再塗裝的板，也有將表面加上磁磚狀美化的產品、加上凹凸紋路的產品等。

如下圖的橫向鋪設，在柱子和間柱上用螺絲固定，而若是縱向鋪設的時候，除了柱和間柱之外，相連的部分還需要橫材，將螺絲頭隱藏在ALC板上挖的洞裡，再從上面用水泥砂漿填滿蓋住。在板和板之間打上填縫劑使水不會滲入。

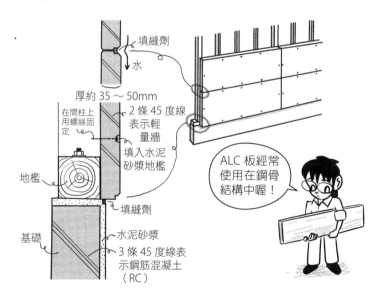

9

外部裝潢

Q 什麼是填縫劑？

▼

A 具有黏著性、伸縮性的樹脂材料，用來填充接縫等。

雨淋板材在橫向接縫上以半槽邊接的方式來防止水滲入，但在縱向接縫上就不能這麼做。所以除了金屬材質、造價高的雨淋板材之外，會在縱向接縫以填縫劑來填充，使水不會滲透進去，也有在縱橫兩方向的接縫上都以填縫劑來填充的雨淋板材。

寬20mm左右的接縫用填縫劑來填充。填縫劑一般會填入圓筒狀的容器中，再放到專用的填縫槍裡按壓擠出使用。而為了使其不超出接縫，通常會在接縫兩側貼上遮蔽膠帶來施工。

填縫劑有聚胺酯類、壓克力類、矽利康類、聚硫化物類等，會依材質、可否塗裝等來選擇。

填縫劑也被稱為seal 材、caulking 材、caulk材等。seal有封印、從上方填住等意思，而caulk則也有填塞隙縫等意思。

Q 以雨淋板材的接縫為例，在隙縫寬度會變動的狀況下，填縫劑該用2面接著還是3面接著？

▼

A 以2面接著來施作。

如左下圖，除了雨淋板材之外，背後的鋪底材上也使用填縫劑來黏合的話，當隙縫寬度加大時，填縫劑就沒辦法伸長，而有可能發生某一邊分離、或鋪底和雨淋板材之間裂開的情況。

因為背後黏著使其沒辦法伸縮自如，如右下圖，只要不跟後面連著就可以解決這個問題，隔開兩者的構材稱為背襯墊（backup材）或連結破壞膜（bond breaker）。

把海綿狀、光滑帶狀的材料填入接縫底部，再填入填縫劑的話，只要以2面接著就不容易分離或破損。

具有厚度、海綿狀的東西稱為背襯墊，沒有厚度、帶狀的東西則稱為連結破壞膜（bond breaker），但有時二者名稱會混淆。

像雨淋板材間的接縫、雨淋板和窗框的接縫等會伸縮的接縫，稱為working joint。working joint一般都是用2面接著。

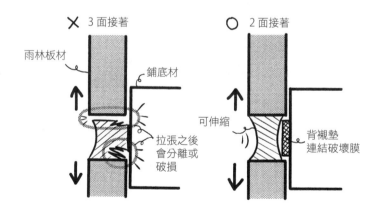

9

外部裝潢

Q 使用雨淋板或ALC板等鋪設的時候,陽角該怎麼處理?

▼

A 使用陽角用的特殊功能物件或角落金屬扣件來收尾。

....

在角落上有陽角(outer corner)和陰角(inner corner),也就是指建築物轉角處的外側和內側。

板材的斷面會在陽角的陽角處外露,不只不美觀,還有著斷面的耐久性、強度會變差的缺點。在經過表面處理的雨淋板材上,就只有斷面的部分必須塗裝。

因此,可以使用角落專用的L形雨淋板材,較寬大的L形雨淋板材造價較高,且搬運不方便,所以大多為小的L形雨淋板材。而L形的兩邊以填縫劑來連接。

像這樣子使用在特殊部位上的L形的板或磁磚等就稱為特殊功能物件(日文:役物)。有將板子插入兩側來收邊,或只是覆蓋住經填縫劑處理的斷面的L形金屬扣件。若想要比用特殊功能物件更省錢,會使用角落金屬扣件。

在陰角的情況下,因為板子的斷面不會外露,所以大部分就依照原樣不另行加工,但仍然會使用填縫劑。

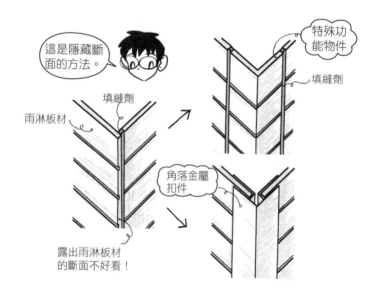

這是隱藏斷面的方法。

填縫劑

雨淋板材

特殊功能物件

填縫劑

角落金屬扣件

露出雨淋板材的斷面不好看!

Q 什麼是托木？

▼

A 為了固定牆壁的板材而釘上的細桿件。

....

緣在日文中是指細桿件，押緣是用來壓住雨淋板的細桿件，托木則是釘在柱子或間柱的柱身的細桿件，使用 24mm×45mm 或 18mm×45mm 等的細桿件。

一般是以 455 或 303mm 左右的間隔打橫釘上，也被稱為橫托木，可以在上面用釘子或螺絲固定板材，外側是雨淋板材，內側則是石膏板等。

也有不使用托木，直接在柱子或間柱上釘上板子的情況，但是柱子和間柱的表面就必須是平滑且一致的。

板子的接合處一定會在托木上，在縱向接合處也放入縱向的托木，稱為縱托木。如下圖，也有橫托木、縱托木兩種都同時設置的情況。

橫托木

托木
24X45@455

在托木上鋪設板。

也可直接鋪設在柱子或間柱上喔！

間柱

柱子

托木
24X45@455

橫托木
＋
縱托木

9

外部裝潢

・ 沿著外牆會鋪設結構用合板、MDF（中密度纖維板）等來增加牆的強度，這種方式已經相當普及。會將合板直接釘附在柱子上，便漸漸不再在柱子釘上托木。但會為了通氣在合板的外側釘上托木。

Q 什麼是壁體內通氣層？

▼

A 在壁材的內側製造出使空氣流通的空間。

....

 為了使受日照而變熱的外牆熱度不會傳入室內，且讓室內水蒸氣容易往外排出，因而建造通氣層。

夏天時太陽直接照射外牆，使得房屋內部的空氣變熱，因為變熱的空氣會變輕往上升，將熱空氣導引到屋簷天花或山牆側的換氣孔向外排出，是將熱、水蒸氣等往外送的設計。

由於橫托木會阻止空氣向上流通，所以釘上縱托木，因縱托木的厚度所產生的空隙就做為通氣層。

在通氣層的內側貼上以樹脂或瀝青做成的防水薄膜，防止雨水滲入。

並且在通氣層的內側貼上隔熱材，隔熱材就是阻絕熱傳遞的材料。隔熱材的內側會貼上防濕薄膜，外側貼上透濕防水薄膜。因為水蒸氣跑進隔熱材內部會導致結露（內部結露），在壁材和隔水金屬扣件之間留空隙，使空氣可以由下方進入，隔水金屬扣件上方的間隙和通氣層相連，而下方的間隙則和地板下方相通。

　　隔水金屬扣件上方→朝向通氣層
　　隔水金屬扣件下方→朝向地板下方

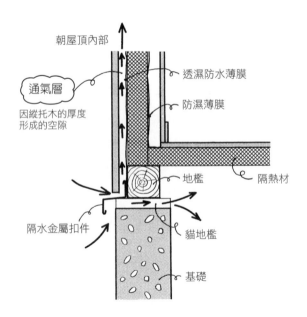

朝屋頂內部

通氣層
因縱托木的厚度形成的空隙

透濕防水薄膜

防濕薄膜

地檻

隔熱材

隔水金屬扣件

貓地檻

基礎

Q 防濕薄膜要鋪在隔熱材的哪一面？

▼

A 鋪在室內側（水蒸氣較多的一面）。

> 水蒸氣是從較多處往較少處流動。冬季時，如果室內的水蒸氣跑進隔熱材中，隔熱材內的溫度會下降，可能導致結露（內部結露）。結露是指飽含水蒸氣的溫暖空氣在碰到冰冷表面時會凝結成水的現象，就像杯子上的水滴那樣。為防止結露而在隔熱材靠室內那一面鋪上防濕薄膜。而如果基礎之下有鋪設保麗龍等隔熱材，則會在濕氣較重的土壤側（下方）鋪上防濕薄膜。無論哪種狀況都是使用厚度 0.2mm 的聚乙烯薄膜。

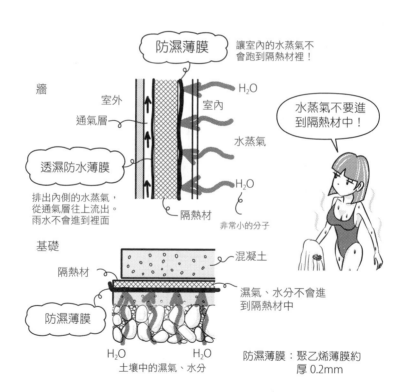

Q 設置<u>通氣層</u>的時候，在窗戶的地方該如何設置縱托木呢？

▼

A 如下圖，為了使空氣能夠流通，將縱托木稍微切除。

如果將縱托木緊貼窗框固定，空氣就沒有出入口，也就無法流通。所以在縱托木和窗框相接的地方切除部分縱托木，製造出空氣的出入口。

因為變熱而變輕（膨脹）的空氣會往上流動，只要在窗戶的上下方沒有堵住橫向的通氣層，空氣就可以流通。其工程的順序為：

①在基礎上方的地檻設置隔水金屬扣件
②鋪上合板
③貼上透濕防水薄膜
④釘上縱托木（在窗戶的部分稍微分開）
⑤鋪設雨淋板等的壁材（和隔水金屬扣件的上方稍微分開）

為了製造通氣層而設置的托木，稱為通氣托木。相同地，只用作通氣層的椽木也稱為通氣椽木。

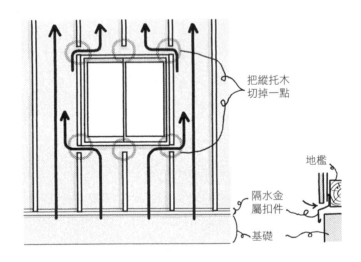

把縱托木切掉一點

地檻

隔水金屬扣件

基礎

Q 什麼是 lath？

▼

A 塗裝牆用的金屬網。

金屬網有用金屬線（wire）編製而成的鐵線網（wire lath）和在金屬板上劃上切割縫使其展開的金屬菱形擴張網（expanded metal）。

在水泥砂漿或灰泥等塗裝牆的鋪底上鋪設金屬網。由於塗裝牆會隨著乾燥或鋪底的變動而容易產生裂縫，為了防止這樣的龜裂、塗料剝落，而將其塗在金屬網上。

lath 也可指裝設在塗裝牆或屋頂鋪底上的細長薄板（日文：木摺）。在英語中，lath 可以指金屬網或木摺，但是在日文中的 lath 單指金屬網。

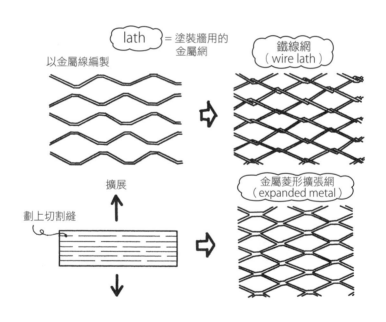

9

外部裝潢

Q 什麼是木摺？

▼

A 在塗裝牆的鋪底上，取等間隔鋪設的細長薄板。

 將 12mm×90mm 左右的薄長板橫向以等間隔鋪設，用間隔隔開是為了讓塗裝牆的濕氣能夠排出，並讓塗裝牆較不容易剝落。

木摺翻成英語就是 lath。在內部裝潢為塗裝牆的時候，會有不使用金屬網，而直接在木摺上塗裝的情形，這個時候因為板與板之間有縫隙，所以這個部分也要用塗料封上。

現在會在木摺上再加上金屬網，使塗料更不會剝落，也更不容易破裂。這個金屬網就稱為 lath，而為了與木摺做區別，有時會稱其為 metal lath。

如下圖，外牆的灰漿塗壗是將木摺用釘子釘在柱子和間柱上，並將防水薄膜和金屬網（lath）用釘槍固定住，再於其上塗上 25～30mm 左右厚的灰漿，像這樣子灰漿的牆壁稱為金屬網灰漿塗壗，簡稱為金屬網塗壗。

因為此塗裝方式容易產生龜裂，且使用雨淋板材的施工又比較輕鬆等理由，最近使用金屬網灰漿塗壗的工程有減少的趨勢。

一般使用如灰漿等含水的施作方式稱為濕式；而像鋪設雨淋板等不需用水的施作方式，則稱為乾式。

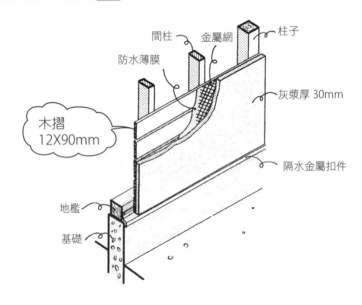

間柱　金屬網　柱子
防水薄膜
木摺 12X90mm
灰漿厚 30mm
隔水金屬扣件
地檻
基礎

Q 為什麼有時會將木摺以45度鋪設呢？

▼

A 為了達到斜撐的效果。

．．．

將木摺以45度鋪設的話，就和在牆壁內放入斜材的意思一樣，雖然不像斜撐那麼粗，但因為數量多，整體而言就能達到一定的效果。

放入許多斜材的話，柱子就比較不會倒塌，且可以三角形來抵抗地震、颱風等的橫力而不致變形為平行四邊形，也就是提高面剛性。為了有結構上的效果，木摺的長度就必須要可以直接從一根柱子跨到另外一根柱子上。如果只是和中途的間柱連接的話，就無法產生效果，所以必須要一整根的長構材，又因為以45度切斷，而會產生許多餘料，比橫向鋪設需要更多的材料。

「木摺12×90、間隔30mm、45度鋪設」等標記，在圖面上指的是木摺不要完全密貼，而以30mm的間隔來鋪設的意思。間隔鋪設也會出現在天花板的鋪設方法裡，在這裡先記住吧！

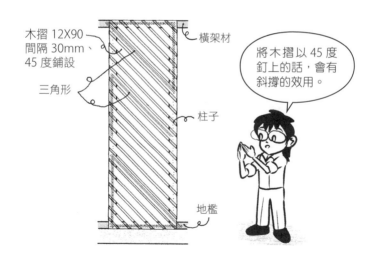

木摺 12X90
間隔 30mm、
45 度鋪設

橫架材

三角形

將木摺以 45 度
釘上的話，會有
斜撐的效用。

柱子

地檻

9
外部裝潢

Q 日文中的<u>噴塗</u>磁磚是磁磚還是塗裝呢？

▼

A 是塗裝。

....

在水泥砂漿面、混凝土面上加工的時候，常常使用噴塗磁磚。如果表面只有水泥砂漿的話，水會滲入，而將表面弄成光滑、具有防潑水效果的話，較不會弄髒，也較不會破壞到水泥砂漿本身。

<u>噴塗</u>就是用壓縮空氣推出塗料，使其成為霧狀噴出附著的意思，和以噴霧罐或噴槍來塗裝是一樣的原理，而因為是用噴槍噴出，所以在日文中又稱為「ガン吹き」。

既然是塗裝，為什麼會稱為噴塗磁磚呢？那是因為在塗裝表面上有光澤和凹凸模樣，就像是磁磚表面的緣故。只是和真正的磁磚相比的話，還是較容易附上髒污，塗裝後15～20年後必須要重新塗裝，且當水泥砂漿出現裂縫的時候，塗裝表面上也會出現裂縫。

市面上有各式各樣樹脂類的塗料商品，並且已開發出具有彈性，可伸縮對應建築物的裂縫或變動的塗裝材料，稱為<u>彈性水泥</u>。

一開始先塗上鋪底層，再於上方噴塗塗裝，有時也會使用有凹凸圖樣的滾輪刷，為塗裝表面增添紋路，可以做成柚子表皮、月球表面、石頭紋理等各種紋路。

可以把粗糙的肌膚變光滑唷。

噴塗磁磚 ⇨ 塗料的噴塗

咻

壓縮空氣

MASKING

Q 什麼是石頭漆噴塗？

▼

A 可以在表面上做出砂壁狀顆粒感，合成樹脂或水泥類的噴塗加工。

和噴塗磁磚一樣是利用壓縮空氣，以噴霧的形式噴在水泥砂漿的牆壁上加工，稱為石頭漆噴塗、噴塗石頭漆等。

噴塗磁磚是光滑的表面，凹凸紋路也是較大的，而石頭漆的表面則是像小砂礫，有顆粒狀的凸出。用手去摸的話，噴塗磁磚會給人光滑的觸感；但石頭漆則有顆粒粗糙的觸感。

石頭漆噴塗是在丙烯樹脂、矽膠、水泥等中混入細小的碎石製成的。因為這個顆粒狀使得表面成為柚子皮狀、砂壁狀，讓建築物看起來有了素雅的表情。

用混合了細碎石的水泥砂漿塗裝，在完全凝固前以刷子等工具在牆壁表面刷過的方法，就稱為石頭漆刷塗。因為很費工，所以大多使用石頭漆噴塗。

除了噴塗磁磚、噴塗石頭漆之外，還有噴塗灰泥。使用灰泥（stucco，石灰＋沙＋水）的時候是做成厚的塗膜，凹凸紋路也是比較大的，在噴塗後用刷子或滾輪刷出凹凸紋路。因為塗膜較厚，比噴塗磁磚、噴塗石頭漆呈現出更像顆粒和砂土的質感。除了這些以外，還已開發出各式各樣的產品。

石頭漆噴塗

小小的顆粒狀

像橘子或柚子的外皮，也像沙子一樣。

Q 使用在外牆的磁磚通常是瓷質或陶質？

▼

A 瓷質的磁磚。

. . . .

水變成冰的時候體積會變大，所以冰會浮在水上。而<u>陶有吸水性</u>，水若滲入陶器的內部，凍結膨脹後會破壞磁磚，所以外牆的磁磚不使用會吸水的陶質，而用不吸水的瓷質。

瓷器和陶器的分別在於成分中黏土、珪石和長石的含量、還有燒結溫度等。根據這些成分的含量，<u>瓷器被稱為「石器」</u>，<u>陶器則被稱為「土器」</u>。沒有吸水性，較不會附著髒污的瓷器最適合當作食器，外牆磁磚也是一樣。陶器材質的磁磚則較常使用在建築物的內部不會碰到水的地方。

設計時不用特別考慮外部裝潢要用瓷質磁磚，內部裝潢沒有碰水的地方就用陶質磁磚，因為在磁磚製造商的型錄上就會註明可用在哪裡，是使用在外部的牆壁或內部的○○等之處。地板用的磁磚有防滑、較厚且較不會破等特性，有許多不同特徵的磁磚，先看型錄之後索取樣本，再來決定設計使用的款式。

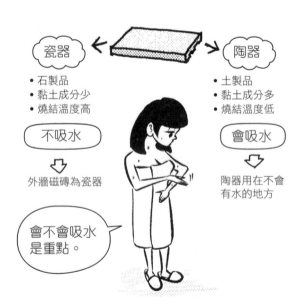

Q 如何貼磁磚呢？

▼

A 塗上水泥砂漿後，壓上磁磚後貼住。

....

在「木摺＋防水薄膜＋金屬網」的鋪底上方塗上水泥砂漿。通常會將水泥砂漿分成底塗墁、中塗墁、上塗墁等分次塗抹，若是一次就塗很厚，容易產生裂縫。

水泥砂漿是水泥和砂約以1：3的體積比混合再加上水的材料，若再加入砂石就變成混凝土了。因為水泥砂漿有接著劑的效果，所以可以將磁磚固定在牆壁上，磁磚的內側為凹凸狀就更不易掉落。

磁磚是用手壓上貼住的，但也有用木槌敲的方式。因為磁磚是以按壓方式貼上，所以也稱為壓著貼裝。

磁磚的貼裝方法是在打底時塗上水泥砂漿後壓貼，另外還有在鋪底和磁磚兩部分上都塗上水泥砂漿的改良壓貼等多種方法。

也有在牆壁裝上不鏽鋼的滑軌，再滑過滑軌以固定磁磚的乾式工法。這樣一來磁磚較不會掉落，施工也較容易，但因為要有用來嵌入滑軌的溝槽，所以磁磚會變厚，且需要多個滑軌，造價也就會變高。

9

外部裝潢

Q 貼在角落上的特殊磁磚稱為什麼？

▼

A 稱為轉角形磁磚（日：役物）。

....

 非平坦的磁磚，變形成 L 形等的特殊磁磚就稱為轉角形磁磚。在日文裡，役物不只是專指磁磚，而是指特殊形狀的物品時常用的用語。

用一般磁磚貼在角落部位的話，磁磚的斷面（厚度）會露出來，若要用平坦的磁磚貼在角落隱藏斷面的時候，需將磁磚的一側切成 45 度，使 2 個磁磚可以貼合相接，這樣的角落收邊方式稱為背切。使用背切的方式較費工，且如果 45 度的切割沒有很精確，反而看起來不美觀。

和一般磁磚相比，轉角形磁磚價格較高。需要折曲使得造價增加，又因為容易壞掉，運輸、保管、施工的費用也會增加。

若為了降低費用而不採用轉角形磁磚，就只能以塗裝的方式來處理。也有只在平坦部分或轉角處貼磁磚的方式，因為整面都貼上磁磚的費用高，因而選擇只在某部分貼上磁磚。

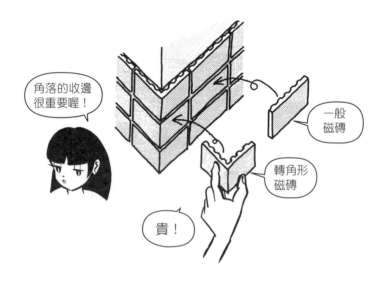

Q 什麼是外部鋁窗？

▼

A 指窗框整體凸出柱或間柱外側加以固定的鋁窗。

在和室中常有在內部露出柱子做為裝飾的設計，或是將糊紙拉門嵌在柱子的內側。糊紙拉門若置入內側，鋁窗就必須要設置在其外側，也就是窗框會設置在柱子外側，這樣設置的窗框就稱為外部鋁窗。即便是柱子之間未設糊紙拉門的情況下，將窗框固定在柱子的內側，也會讓外觀不好看，將窗框設置在柱子外側，露出完整的柱子看起來較為美觀。

在和室中設置糊紙拉門時，若想讓柱子外露看起來美觀就會使用外部鋁窗。

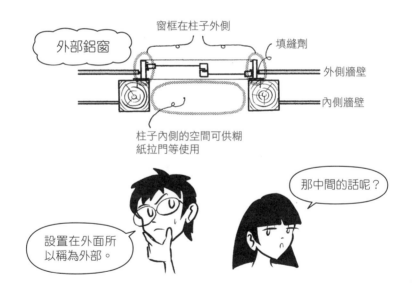

9

外部裝潢

Q 什麼是<u>半外裝鋁窗</u>？

▼

A 窗框的一半凸出在柱子或間柱外側加以固定的窗框。

....

雖說是窗框的一半，但並非精確的一半，而是約有一半凸出柱子之外。然而一般在西式房間並不會設置日式拉窗，也不會將柱子當作設計的一部分露出，所以窗框往柱子的內側吃進一點也沒關係。

但如果完全設置在柱子的內側，和外側牆壁的收邊就會變得比較麻煩。外側牆壁折曲成L形，窗戶周圍的牆壁就必須要凹陷進去。<u>內部鋁窗很少見就是因為外牆的收邊較難。</u>

若要讓外牆上的雨淋板材剛好能抵住窗框來收邊，窗框就必須要比雨淋板材還要向外側凸出。若想在柱子上固定窗框，並將窗框凸出到外壁材外側的話，就會使用半外裝鋁窗。

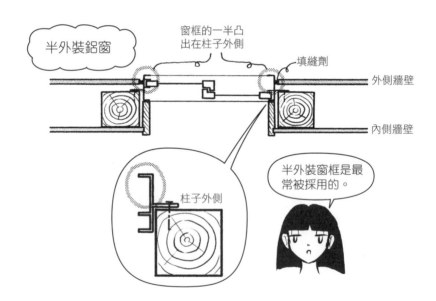

Q 為什麼窗框大多比雨淋板材還要向外側凸出呢？

▼

A 因為要讓雨淋板材貼合窗框設置。

....

在設計板類的收邊時，一般都是以抵住建築物某部分的方式來固定板子，如果這個讓板子抵住的構材沒有較為凸出，就沒辦法確實將板類收邊，這個凸出的距離就稱為錯位。錯位的正確定義是平行的平面之間的距離。

若沒有取錯位，而要讓構材在同一個平面銜接時，雨淋板材就必須和窗框的外層表面以完全平坦的方式固定，不能有誤差，因此會大幅增加收邊難度。

左下圖就是雨淋板材比窗框還要向外凸出的情況，因為沒辦法直接讓雨淋板材貼上窗框，所以必須在窗框的前面折曲，如圖中加上一個小板子形成L形，L形的特殊物件，不只費工，還需要多使用填縫劑，就會變得容易漏水。

也有為了讓窗戶看起來更立體，而故意將窗框收邊在柱子裡頭，這個時候，為了讓角落看起來美觀，會使用水泥砂漿等來建造牆壁。

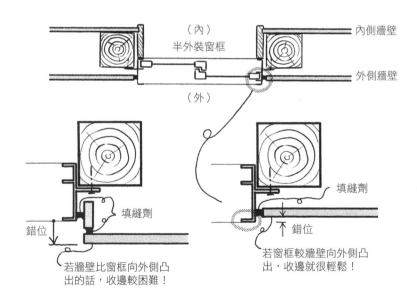

9

外部裝潢

Q 為什麼窗框外側的框會採用複雜的形式呢？

▼

A 為了增加防水性、氣密性，並且增加強度的緣故。

....

🔲 下圖是純粹畫出窗框的外框圖，左下圖表示窗框的左右側，右下圖則表示窗框的下側。

左右兩側的框在窗片的兩側和窗片的溝上有3枚像刀刃般的凸出，窗片上則是有溝槽和刷毛等，是為了讓水或空氣較不容易通過；而在下方的框上，為了讓水可以向外排出而設計向下的階梯狀。由於需設有讓門窗滑輪滑動的滑軌，如果是雙向橫拉窗（向左右滑開的2塊窗片），則會有2塊窗片和紗窗的3個滑軌。除此之外，還可能再加上遮雨窗板或百葉窗的滑軌。窗戶的滑軌為了讓水可以往兩端流出，會在靠近左右兩邊的框之前被切斷。

這些設計除了上述用途外，也是用來保持鋁窗框本身強度的凹凸設計。

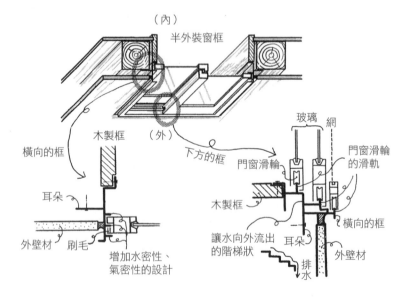

Q 為什麼要在窗框上加上耳朵？

▼

A 為了讓窗框容易固定在柱子等物體上，並增加防水性、氣密性。

⬛ 木造建築的窗框，是在由柱子或間柱的縱材、上下方的橫材所形成的木框中，再放入窗框固定的，由於可以在耳朵釘上釘子或螺絲，因此在上述狀況下即可輕鬆固定窗框。在窗框的外側加上30mm的耳朵，就是為了使固定變得輕鬆，且因為在柱子上設置耳朵，柱子和窗框之間就不會有縫隙，將防水薄膜蓋在窗框的耳朵上，再於其上鋪設背襯墊、打入填縫劑，水就不會跑進窗框和柱子之間了。為了防止水或空氣進入柱子和窗框的間隙中，而以在柱子上覆蓋耳朵的方式來做事前防範。

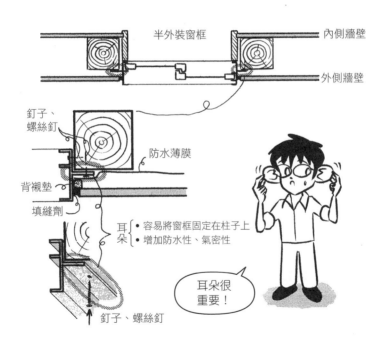

半外裝窗框　　內側牆壁

外側牆壁

釘子、
螺絲釘

防水薄膜

背襯墊

填縫劑

耳 ⟨ ・容易將窗框固定在柱子上
朵 ⟨ ・增加防水性、氣密性

釘子、螺絲釘

耳朵很
重要！

9

外部裝潢

・ 在外牆釘上合板以提高強度時，窗框的耳朵就會固定在合板而非柱子上。再將防水膠帶從耳朵貼到合板上，就可有效防止雨水滲入。

Q 固定窗框時，在柱子等處釘上的<u>墊片</u>是什麼？

▼

A 用來微幅調整尺寸而釘上的構材。

．．

墊片在日文中稱為飼物或<u>飼木</u>，是夾在兩個材料之間，用來調整間隔尺寸或是填補間隙而加入的構材，在工地現場到處都用得上墊片。

以柱子、窗楣、窗台做成四角形，在其中固定窗框。窗楣和窗台都是構材的名稱，是將同於間柱的角材以橫向設置。

在做好的四角形中直接放入窗框，鮮少有剛剛好吻合的情況，如果要做成剛好的尺寸，工程效率會變差，所以這時就是墊片登場的時候了。

市面上已有許多木造建築的標準窗框產品，尺寸為可以放入間距1間的2根柱子之間。雖說是1間，但也有1,800、1,818、1,820mm等多種尺寸，另外柱子的粗細也有105mm見方、120mm見方、90mm見方等各種尺寸，為了應付所有的尺寸，不會將窗框做得剛剛好，而是比較小一點。把較小的窗框放入兩柱之間時，會在空隙間填入墊片。

根據外牆的樣式，必要時微幅調整窗框露出的尺寸。托木、通氣層、雨淋板材等的尺寸為多少mm，根據這些厚度，決定窗框凸出柱子的長度，再以墊片微調固定。

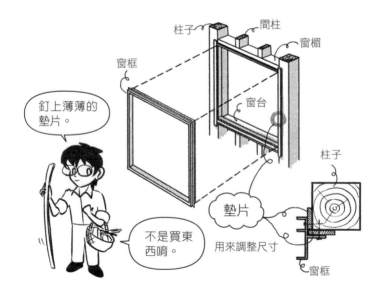

Q 如何處理窗框周圍的防水？

▼

A 先在窗框下鋪上透濕防水薄膜（③）；裝上窗框後，在窗框的耳朵處貼上防水膠帶（⑤）；再鋪上整體的透濕防水薄膜。

需要留意：窗台上先鋪上防水薄膜，為了讓窗框內側的水可流向外面，窗框下不貼防水膠帶，整體的防水薄膜要插進先鋪上的防水薄膜與防水膠帶的內側。

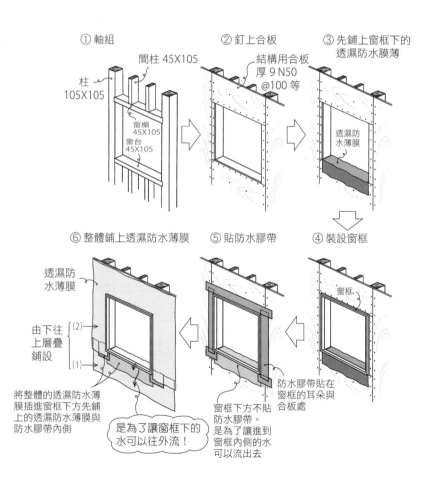

① 軸組

間柱 45X105
柱 105X105
窗楣 45X105
窗台 45X105

② 釘上合板

結構用合板
厚 9 N50
@100 等

③ 先鋪上窗框下的透濕防水膜薄

透濕防水薄膜

⑥ 整體鋪上透濕防水薄膜

透濕防水薄膜

由下往上層疊鋪設 (2) (1)

將整體的透濕防水薄膜插進窗框下方先鋪上的透濕防水薄膜與防水膠帶內側

是為了讓窗框下的水可以往外流！

⑤ 貼防水膠帶

防水膠帶貼在窗框的耳朵與合板處

窗框下方不貼防水膠帶。是為了讓進到窗框內側的水可以流出去

④ 裝設窗框

窗框

9 外部裝潢

Q 為什麼要在窗框內側加上木製框呢？

▼

A 用來隱藏柱子或壁板的斷面，較為美觀。

....

窗框的寬約為70mm，相對於此，牆壁的厚度則有160mm，將窗框較外側稍微凸出牆壁（取錯位）裝設的話，牆壁內側大概還有約90mm的空間。

90mm左右的空間如果不再處理，內側壁板的斷面和柱子就會裸露，而為了隱藏斷面，有①加上木製框，②將壁板以L形覆蓋等方法。

壁板就是石膏板，因為是用石膏製成，如果裝設成L形的話，轉角就會容易缺損，而為了不使其有所缺損，會在轉角處貼上L形的塑膠棒（護角條）來補強。①加上木製框是較普遍且不會出錯的收邊方式，以25mm厚的板做成框，即使被家具撞到也不易毀壞。木製框的上面和左右稱為額緣，下面則稱為膳板，因為有時會在下面的板子上放東西，所以會用不一樣的材質來製作。

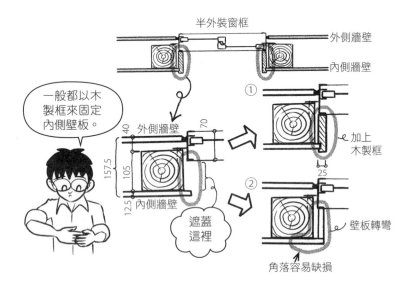

Q 為什麼要將木製框取錯位,使其比壁板還要凸出呢?

▼

A 為了讓壁板可以緊貼木製框藉以固定,讓收邊美觀。

．．．

木製框通常比內裝的壁板還要向外凸出約10mm。如果做在同一平面上,
壁板有一點點彎曲的話,它就會比木製框還要往外凸出,比較不美觀;但
如果木製框較往外凸出10mm的話,壁板就不會更凸出,和把窗框做得比
雨淋板稍微凸出是一樣的意思。

像這樣子不同平面之間的距離就稱為錯位。在板和框接觸的地方取錯位來
收邊是最基本的方式。

一般會在木製框上鑿出可以讓壁板插入的溝槽,壁板如果插入木製框裡的
話,不管壁板怎麼動,都不會跑到木製框外,如果沒有插入而只是靠著的
話,時間一久,壁板和框之間就會產生縫隙,變得不美觀。

在日文裡,木製框的左右和上方稱為額緣,下方則稱為膳板,但中文則通
稱為窗框。木製框的厚度常常使用25mm。

> 木製框的錯位(凸出牆壁的長度)→ 10mm(錯位)
> 木製框的厚度→ 25mm

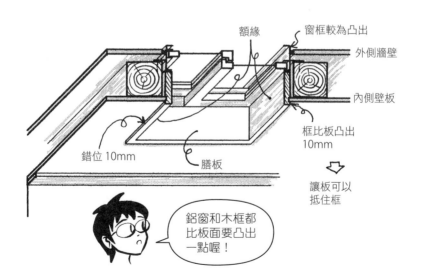

額緣　　　窗框較為凸出

外側牆壁

內側壁板

框比板凸出
10mm

錯位 10mm　　　膳板

⇩

讓板可以
抵住框

鋁窗和木框都
比板面要凸出
一點喔!

9

外部裝潢

Q 雙向橫拉窗的窗框，在比例尺 1/20、1/50、1/100 的平面圖上怎麼畫？

▼

A 如下圖所示。

....

 在 1/10～1/20 左右的圖面上，可分別畫出窗框、木製框、墊片、填縫劑、錯位、牆壁材等部分，而在 1/50 的圖上，個別的厚度必須要單純化才可以，另外在 1/100 的圖上，除了柱子以外幾乎都無法畫。以 CAD 把全部的細節都畫出來之後，再以 1/100 的比例來看，圖面會變成黑黑的，所以要先知道平面圖的比例尺後再來畫是很重要的。

先了解細節的部分，就從 1/10、1/20 開始來畫，當有了初步印象之後，下一步就要思考，如何在 1/50 或 1/100 的圖面上省略不必要的東西。

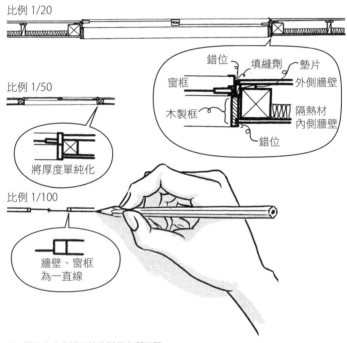

注：圖的大小和標示的比例尺有所不同。

Q 鋁窗的拉窗、框分別是指什麼？

▼

A 可以動的窗片為拉窗，而構成窗片、包圍在玻璃四邊的桿件稱為框。

　拉窗一般是指在和室內裝中所使用的糊紙拉門（日文：障子），但在鋁窗中也把會動的窗戶稱為拉窗。

另外，拉窗玻璃嵌板四邊的框，上面的框稱為<u>上框</u>，左右的框稱為<u>縱框</u>，下方的框為<u>下框</u>，中間的框則稱為<u>中框</u>，糊紙拉門的上下左右的框也是如此稱呼。

縱框之中，在日文中細分為：靠近窗戶外框，且在窗片拉動時會先拉到的部分是<u>戶先</u>，對拉時重疊部分的縱框稱為<u>召合</u>。有時會使用細桿件的棧條來替代當作框，一般來說下框會比上框和縱框還要粗，為了承受玻璃重量以及將<u>門窗滑輪</u>隱藏在其中，有必要將下框的尺寸設定得較寬。另外以水平方向裝設在地板材端部的條狀裝飾材也稱為框。玄關的出入口處的橫材在日文中稱為<u>上框</u>，在地板間有高低差的地方設置的橫材稱為<u>床框</u>。

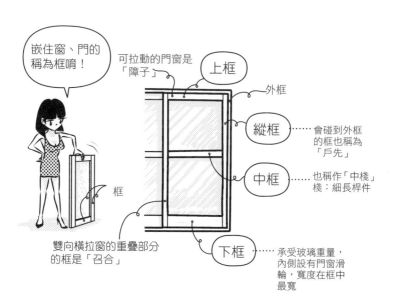

嵌住窗、門的稱為框唷！

可拉動的門窗是「障子」

上框

外框

縱框 ……會碰到外框的框也稱為「戶先」

中框 也稱作「中棧」棧：細長桿件

框

雙向橫拉窗的重疊部分的框是「召合」

下框 ……承受玻璃重量，內側設有門窗滑輪，寬度在框中最寬

9

外部裝潢

Q 什麼是浮式平板玻璃（float glass）？
▼

A 浮在熔融金屬上製成，最常見的透明板玻璃。

··

◆ float 就是浮起的意思，讓融化的玻璃浮在融化的金屬（錫）上（float bath），以做成平滑的玻璃。以前是將融化的玻璃從鐵板上流過，而後開發出浮在熔融金屬上的作法，可製成更平滑的玻璃。

浮式平板玻璃（float glass）也稱為浮式玻璃、普通板玻璃、透明玻璃等，厚度有2、3、4、5、6、8、10、12mm等多種。在住宅或公寓的窗玻璃大多使用5mm厚的透明玻璃。

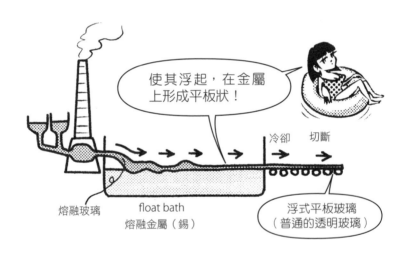

使其浮起，在金屬上形成平板狀！

冷卻　切斷

熔融玻璃　　float bath　　　浮式平板玻璃
　　　　　熔融金屬（錫）　　（普通的透明玻璃）

Q 什麼是<u>壓花玻璃</u>（毛玻璃）？

▼

A 在玻璃的單側加上凹凸的壓花，變成不透明的玻璃。

....

壓花玻璃的壓花是指凹凸的壓花圖樣。是將以float bath製成的玻璃再通過滑輪輸送帶，在接觸滑輪的那一面玻璃上壓花。因為在玻璃的單側上有<u>凹凸不平的壓花</u>，所以玻璃就變成不透明的。光可以透過去，但是無法看到玻璃後方內部的形狀。

一般廁所、浴室的玻璃等都是使用壓花玻璃，或是會在落地窗的上方用透明玻璃，下方則用壓花玻璃。

另外，不透明的玻璃還有<u>磨砂玻璃</u>（frosted glass），是將砂或研磨劑噴附在玻璃上，製造損傷做成不透明的玻璃，稱為噴砂（sandblast），就像是以前的霧面玻璃，雖然可以呈現出比壓花玻璃更細緻的質感，但是造價較高，所以現在還是以壓花玻璃較為普及。

壓花玻璃是無法讓視線穿透的玻璃喔！

凹凸的壓花

Q 什麼是複層玻璃、膠合玻璃？

▼

A 複層玻璃就是在中間放入空氣，隔熱性佳的玻璃；膠合玻璃則是將樹脂夾在兩層玻璃之間，較不容易破裂的玻璃。

....

 複層玻璃也稱為pair glass，是在玻璃和玻璃之間封入空氣的玻璃。空氣較不容易傳遞熱量，且在狹小的空間中也不容易形成對流，所以隔熱性極佳。

兩塊玻璃是以墊片（保持間隔的構材）和填縫劑固定，並在內部封入空氣。如果空氣裡混入了許多水蒸氣，玻璃的內側就會出現水滴，所以必須封入乾燥的空氣，或是在墊片內部放入乾燥劑。

膠合玻璃是將樹脂等材質做成三明治夾心狀製成，較不容易破裂的玻璃，因為具有不易打破、較安全的特性，也被稱為防盜玻璃。

另外，也有在內層使用複層玻璃，而在外層使用膠合玻璃的方式，也就是同時具有防盜性和隔熱性的玻璃。

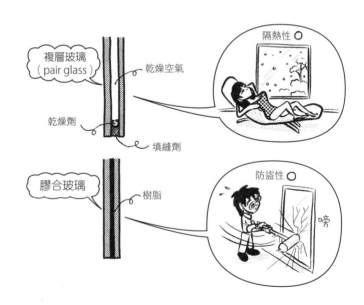

Q 什麼是鐵絲網玻璃？

▼

A 埋有鐵網的玻璃，即使遇到火災使玻璃破裂的時候，碎片也不會掉落產生破洞。

以下圖，以方格狀埋入的交叉網格，也有將其傾斜45度成菱形狀的菱網格，將網子埋入玻璃的正中央，厚度為6.8mm、10mm。

鐵絲網玻璃即使破裂，碎片也會因為有網子的牽制而比較不容易掉落。在發生火警時容易延燒的場所中，一定要使用鐵絲網玻璃，因為玻璃若有破洞，火就會從破洞入侵，向其他地方延燒。

鐵絲網玻璃雖然埋入了網格，但不具防盜性。敲擊時，因為有細網格的網子，玻璃碎片不會掉落，但只要用手將破裂的玻璃推開，就可以輕易將手伸進裡面打開門鎖。

因為網子是鐵線製成的，和玻璃的膨脹係數有所不同，當受到太陽照射而膨脹時，膨脹係數不同的話會破裂，這就是熱破裂。

又因為網子是鐵製的，如果水從玻璃的斷面滲入會導致生鏽，鏽蝕而膨脹後，玻璃會破裂，這就是鏽蝕破裂。

另外還有非縱橫交錯的網狀，而是只有埋入縱向或橫向的鐵線的玻璃，這個就稱為線玻璃，雖然有少許防止玻璃飛散的用途，但不具備防火的功能。

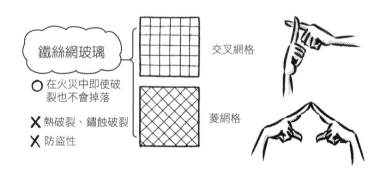

鐵絲網玻璃

○ 在火災中即使破裂也不會掉落

✕ 熱破裂、鏽蝕破裂

✕ 防盜性

交叉網格

菱網格

9

外部裝潢

Q 紗窗、紗門的網子材質為？

▼

A 莎隆（saran）素質網、不鏽鋼網等。

....

最常使用的是莎隆素質網。莎隆就是聚偏二氯乙烯類合成纖維的商品名稱，有不錯的耐水性和不易燃性，因為很輕、容易加工，用剪刀就可以輕易切斷，又不易撕裂，即使拉張也不太會破裂。

保鮮膜也是以同樣的材質製成，是從美國的兩位研究者太太的名字，莎拉和安所合併的字彙。在莎隆素質網中，有綠、藍、灰、黑等顏色，灰色是最常使用的。

在紗網、門的框上有溝槽，將莎隆素質網嵌入其中，從上方將橡膠的細繩（橡膠珠子）以專用的滑軌推入固定，推入後以剪刀將莎隆網多餘的部分切除。

不鏽鋼網比莎隆網更貴，且有更不容易破裂、不易燃的優點。

Q 什麼是聚碳酸酯板？
▼

A 一種抗衝擊強度高的塑膠。

聚碳酸酯板被廣泛運用在車庫屋頂、遮雨棚、陽台的扶手牆、室內的框窗（框內嵌入板或玻璃等的窗戶），也被稱為PC板。

玻璃硬度較硬，所以比較不容易刮傷，但是有重量較重以及容易破裂的缺點；而聚碳酸酯比較軟，所以容易刮傷，卻是質輕且較不容易破裂的材料。另外，聚碳酸酯是可燃的，所以不能替代玻璃使用在窗戶上。

聚碳酸酯雖輕，但厚度若比較厚也仍然很重，如果是像瓦楞紙中央有空洞的板子，就能製造出不易折彎又輕的板了，這個就稱為聚碳酸酯中空板，中空板經常使用在室內的框窗等地方。

將聚碳酸酯中空板用雙面膠帶貼在玻璃窗的內側，窗的隔熱性會增加，在結露很嚴重的窗戶上值得一試。筆者試過很多次，有相當的效果，若貼在壓花玻璃上，看起來也會設計感十足。

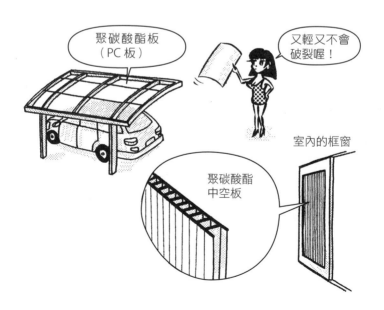

聚碳酸酯板
（PC板）

又輕又不會
破裂喔！

室內的框窗

聚碳酸酯
中空板

9

外部裝潢

Q 什麼是填充隔熱、外部隔熱？

▼

A 在柱子和間柱中填入隔熱材為填充隔熱，而在外側鋪設隔熱材就是外部隔熱。

....

在木造建築中，以往一般都是使用填充隔熱，近年來從鋼筋混凝土結構建築開始使用外部隔熱之後，也出現不少以外部隔熱為賣點的木造建築住宅。

隔熱材是像棉被一樣的東西，而外部隔熱就是用這個像棉被的材料從建築物外側包覆。將外部裝潢材固定在隔熱材上的時候，要注意不要讓隔熱材中斷，托木也會鋪設在隔熱材上，基礎的隔熱材也是鋪設在基礎的外側。

在木造建築中，把隔熱材鋪設在外部的效果，並不如在鋼筋混凝土結構建築的效果好，因為木頭不像混凝土一樣可以蓄熱，且木材本身難以傳遞熱量，所以也不太需要在木材外側包覆隔熱材。

但比起在內部填充隔熱材，因為是將隔熱材包覆在柱、間柱等的外側，必然會提高隔熱效果。

因為外部隔熱是將發泡材鋪在外側，必須使用長螺絲釘固定外裝材，必須要注意不讓外裝材往下垂。

隔熱材的圖面標示方式如下圖，有交叉的斜線或曲曲折折的曲線二種，前者為用 CAD 畫時使用，後者則是在手繪時使用，在這裡一起記住吧！

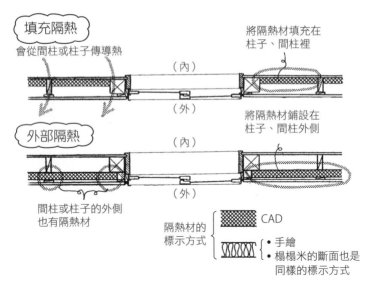

填充隔熱
會從間柱或柱子傳導熱
將隔熱材填充在柱子、間柱裡
（內）
（外）

外部隔熱
將隔熱材鋪設在柱子、間柱外側
（內）
（外）

間柱或柱子的外側也有隔熱材

隔熱材的標示方式

CAD

‧手繪
‧榻榻米的斷面也是同樣的標示方式

Q 什麼是保麗龍（polystyrene foam）？

▼

A 含有大量氣泡的聚苯乙烯板。

----

foam 有泡泡的意思，保麗龍就是以聚苯乙烯為原料成型的發泡材。商品名稱以 styrofoam 較為著名，所以也稱為 styrofoam。

空氣有不易導熱的性質，但是空氣如果流動（對流）的話就會傳遞熱能，為了使空氣不流動，而加入小氣泡固結，隔熱性能就會變高。

類似的素材——發泡苯乙烯（foamed styrol）的氣泡不是獨立的，而是在苯乙烯顆粒周圍分散的形狀，因而空氣可以進入，隔熱性就不佳。

保麗龍還有不容易凹陷的優點，人站在其上也不會凹陷，因而在新式建材的榻榻米內部會使用保麗龍，也有鋪在基礎下方，然後再於其上澆置混凝土的方式。

因為氣泡很多而有著質輕的優點，不只可以減輕建築物本身的重量，施工也較為輕鬆，且因為不會吸水，所以也有良好的耐水性。

如果要在牆壁、屋頂置入保麗龍，在施工上必須注意要依尺寸準確地裁切，不然可能會產生縫隙。1樓的無地板格柵工法中，會在地板梁加裝Z形金屬扣件後，由上往下底板切割成正方形的保麗龍，不留縫隙的嵌合。

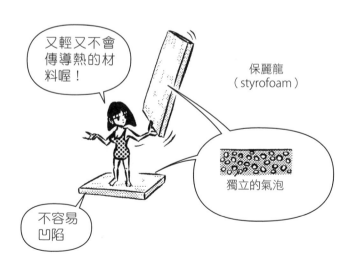

Q 什麼是玻璃絨（glass wool）？

▼

A 將玻璃纖維做成綿狀或羊毛狀的隔熱材、吸音材。

．．

glass是玻璃、wool是羊毛的意思。將玻璃做成像羊毛的綿狀就稱為玻璃絨（glass wool）。因為玻璃不易燃，所以適合做為建材。

水鳥的羽毛（down）有很多氣泡，因而具有輕且較不易傳遞熱的特性；將纖維做成綿狀的時候，中間會有許多的氣泡，所以玻璃絨也具有同樣的性質。有把玻璃絨放在塑膠袋裡，或是固結成墊子狀。

玻璃絨一般是以單位體積（1m³）的質量（kg數）來表示，有10 kg/m³、16 kg/m³、24kg/m³等。單位體積的質量較大，表示玻璃絨密度較高、獨立的氣泡數也較多，所以隔熱性也較佳。厚度50mm、質量10 kg/m³的玻璃絨，標記為50-10K。較厚、較重的玻璃絨隔熱性就較佳。

玻璃絨的墊子也可以做為吸音材。柔軟的棉和裡面密集的氣泡振動，就可以吸收聲音的振動能量。

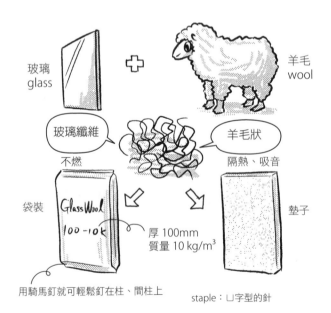

玻璃 glass ＋ 羊毛 wool

玻璃纖維　羊毛狀

不燃　　　隔熱、吸音

袋裝　Glass Wool 100-10K　厚 100mm 質量 10 kg/m³　墊子

用騎馬釘就可輕鬆釘在柱、間柱上　　staple：凵字型的針

Q 什麼是岩綿吸音板？

▼

A 以岩綿（rock wool）為主原料的裝潢材料，為不燃材料，具吸音性和隔熱。

岩綿吸音板是柔軟的凹凸狀內部裝潢材，是優良的吸音材，但因為很軟，所以只能使用在天花板上，厚度約為 12、15mm 等。

將厚 9.5mm 的石膏板釘在天花頂格柵（支撐天花板的桿件）上，再貼上岩綿吸音板，若直接用螺絲釘將岩綿吸音板釘在天花頂格柵上的話，會因為太軟而壞掉。

吸音板除了標準的蟲蝕板之外，還有各種有著凹凸紋路的產品。在廣闊的辦公室或餐廳、講堂等，因為容易產生迴音，常常使用岩綿吸音板鋪設在天花板上，也可以使用在住宅中的部分天花板上。和石綿不同，岩綿吸音板並不會致癌。

　　　岩綿＝ rock wool →可以使用
　　　石綿＝ asbestos →不可使用

Q 什麼是石膏板？

▼

A 將石膏固結成板狀，在兩側貼上紙做為內部裝潢用的板子。

．．．

石膏是以白色粉末混合水固結而成，以石膏像最為人所熟悉。石膏的英文為 plaster，所以石膏板也稱為 plaster board，簡寫為 PB。gypsum 也是石膏的意思，所以也會將 gypsum board 簡稱為 GB，plaster、gypsum 都很常見，請都記住。

由於石膏板有不燃和便宜的優點，因此大量被使用在住宅、公寓、大樓等的內部裝潢上。12mm 的合板大約為 1000 日圓以上，PB 則大概幾百日圓左右。

但是石膏怕水，也容易缺損，所以不會使用在外牆上。而在廚房的牆壁等地方的石膏板會貼上耐水紙，又稱為防水石膏板，但請注意這種板也無法用在會大量潑到水的地方。

無法使用釘子或螺栓是其缺點，當想在石膏板上吊掛畫作時，就必須要使用牆板拉脹釘這種特殊的金屬零件。

石膏（Plaster）＋紙

○不燃
○便宜

×怕水
×易缺損
×無法使用釘子、螺絲釘

石膏板
Plaster Board PB

將石膏固結成板狀

在兩側貼上紙

Q 在牆壁和天花板上使用的石膏板厚度為？

▼

A 一般在牆壁的石膏板為12.5mm，天花板則為9.5mm。

因為牆壁有可能會被家具或吸塵器撞到，而人的身體也會靠在牆壁上，所以會使用較厚的板，通常是使用厚度12.5mm的板，但也可能使用15mm的板。天花板不用擔心被東西撞到，所以會使用比牆壁還薄的9.5mm的板材。

有時為了使牆壁的遮音性更佳，會使用2塊12.5mm的板重疊鋪設。重疊鋪設的板子穿過天花板，直達天花板上方的結構材，這是為了使聲音傳到天花板裡而不會傳到隔壁，甚至在板與板的內側空間裡填入玻璃絨，也會有防止聲音振動的效果。

PB厚 9.5

PB厚 12.5

天花板的石膏板較薄，牆壁的石膏板則較厚。

10

內部裝潢

Q 該如何處理石膏板間的接縫？

▼

A 使用膠帶和油灰（putty）做接縫處理。

若不處理石膏板的接縫會出現凹陷，且時間一久接縫伸縮之後，表面經過處理的部分也可能會產生裂紋。

因此施作接縫處理來填平凹陷，使接縫不會撐開，稱為接縫工法。

最初以油灰填滿凹陷處，再於其上貼上膠帶，最後塗上油灰使其均勻平坦，也有一開始就貼上較大片的膠帶，再施作油灰處理的方式。

膠帶是以纖維強化縱橫方向的樹脂製成的，可以防止石膏板彼此分離，油灰則是由水泥等材料製成，塗上固結之後會變得平滑。

若是在造價較低廉的公寓等建築中較便宜的牆壁，也有不做這種接縫處理，而直接貼上聚氯乙烯壁紙。但聚氯乙烯壁紙同樣時間一久，就會產生裂縫或凹凸不平，所以事先使用油灰施作接縫處理是較佳的方式。

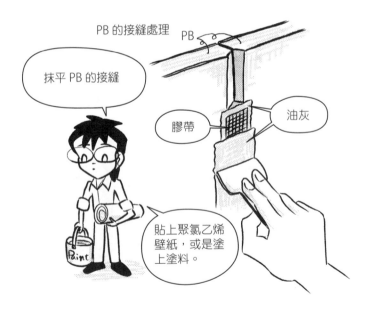

Q 什麼是化妝石膏板？

▼

A 在石膏板上鑽鑿細小的洞，或貼上有顏色、花紋的紙。

....

化妝石膏板是即使不塗裝或貼聚氯乙烯壁紙，也可在鋪上石膏板後就當作完工的板材。

表面有蟲蝕狀細孔的石膏板，只要用螺絲釘（頭部塗白）固定在天花頂格柵上即可。外表很像吸音板，但它的孔比較淺，吸音效果也不佳。花紋看似一種名為洞石（travertine）的石頭，有時會標示為洞石紋。其價格便宜，常用在寬廣的辦公室或教室等。

另外，印刷了木紋的石膏板也經常被使用在低造價住宅的和室的天花板等處，近年來，由於印刷技術進步，甚至可以達到無法看出是印刷的效果。

也有事前先貼好聚氯乙烯壁紙的石膏板，但使用在牆壁時會出現接縫，所以普及程度不若木紋的石膏板。

注：「化妝」在日文中，是指建材等最終會呈現在人眼前的部分或是指這部分的表層處理方式。

10

內部裝潢

Q 什麼是石膏金屬網板（lath board）？

▼

A 做為灰泥等泥作工程（日：左官工事）的基礎，有許多開孔的石膏板。

....

■ lath 就是在塗裝牆基礎裡的金屬網或木摺（為施作泥作工程而鋪上的細長板），lath board 就是指代替金屬網的板。為了使塗上的灰泥等材料不會剝落，而在表面上鑽鑿無數個小孔。

泥作工程指的是水泥砂漿、灰泥等的塗裝牆或塗裝牆工程。灰泥就是在石灰中加入麻等纖維、海藻，以水混拌出來的表層加工材，使用在和室或日本傳統倉庫的牆壁等處。

石膏金屬網板被使用在室內的泥作工程中，而在室外的泥作工程中使用的是防水性較強的 lath 替代品。

注：在日文裡，泥作工程又稱「左官工事」，是日本土工匠所稱的「土水工程」及與土水相關的「建築裝修」工程。

Q 什麼是 <u>flooring</u>？

▼

A 地板面板的意思。

....

以前在鋪設地板的時候，是將<u>天然木材</u>一片一片以槽榫連接，槽榫就是在斷面的前端削出一個凸起物，讓它可插入另外一片木板的斷面。

從槽榫的部分開始，用黏著劑貼在鋪底板上，再釘上細釘固定住。現今在造價高的地板中，還是會使用天然木材來建造。

而現在<u>一般的地板面板材是在寬910或455mm、長1,820mm的合板上，只有表面貼上較美觀的板材</u>。這層在表面的薄板稱為突起板，突起板上有挖溝槽，看起來就像是以一片一片槽榫方式連接的，但是當要連接大塊的板子時，還是需要以槽榫方式來施作。

地板面板材的厚度為12、15mm左右，在其下方鋪設12mm左右的合板（混凝土板或結構用合板），在經費少的時候就不使用合板，而直接在地板格柵上釘上地板面板。

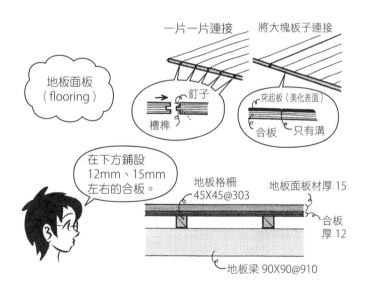

Q 什麼是吸震地板材（cushion floor）？

▼

A 在印上花紋的樹脂薄布內側加上緩衝材的地板材。

....

表面印有花紋的樹脂薄布裡附有毛氈狀的軟墊，取 cushion floor 的首字，簡稱為 CF 薄布。厚度有 1.8、2.3、3.5mm 等，遇到水也很難會被破壞，所以常常使用在廚房、洗臉更衣室、廁所的地板上，而最大的優點就是便宜，且可以直接用雙面膠貼在合板上，也能用剪刀裁切，施工很輕鬆。隨著印刷技術的進步，其外表看起來也更美觀，但是仍有放置家具後會殘留凹痕的缺點。

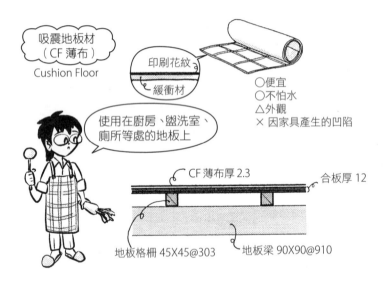

吸震地板材
（CF 薄布）
Cushion Floor

印刷花紋
緩衝材

○便宜
○不怕水
△外觀
╳ 因家具產生的凹陷

使用在廚房、盥洗室、廁所等處的地板上

CF 薄布厚 2.3　　合板厚 12

地板格柵 45X45@303　　地板梁 90X90@910

• 在樹脂製硬板的表面加上木紋的地板磚現在也已被廣為使用。厚度雖然只有 2 ～ 3mm，但表面堅硬，是難以被家具弄傷的材料。

Q 榻榻米的厚度為？

▼

A 60、55mm 左右。

以前的榻榻米是用稻稈做成蓆底（日：疊床），厚度一般為 60 或 55mm，現在則有許多是使用保麗龍（styrofoam）製作的榻榻米，也因此出現了厚約 30mm 的薄榻榻米。

稻稈製榻榻米的重約 30 公斤，保麗龍的榻榻米卻相當輕，只有 15 公斤，且具有可隔熱、不容易發霉、長壁蝨等的優點。也會使用沒有收邊、簡潔的榻榻米，且邊長約半間的正方形、未收邊的琉球榻榻米也變得很常見。

當榻榻米厚度為 60mm 時，和地板面板的 15mm 厚度之間就會產生 45mm 的高低差，若要讓它們維持在同一個平面，地板面板部分的鋪底就必須提高 45mm。

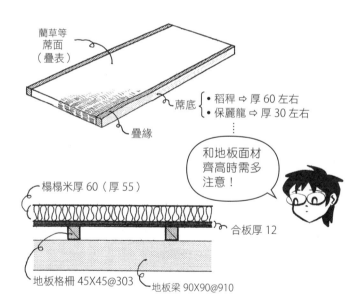

藺草等
蓆面
（疊表）

蓆底 ⎨ • 稻稈 ⇨ 厚 60 左右
　　　• 保麗龍 ⇨ 厚 30 左右

疊緣

和地板面材齊高時需多注意！

榻榻米厚 60（厚 55）

合板厚 12

地板格柵 45X45@303　地板梁 90X90@910

Q 為什麼要加上踢腳板？

▼

A 為了使牆壁和地板的連接處變好看，也為了讓髒污變得不明顯，且可以用來補強牆壁的下方。

踢腳板指的是在牆壁底部加上的細長板。牆壁和地板的交界線要做成直線的話，必須要提升工程的精度，但是因為一般來說很難提升施工精度，所以會在牆壁和地板相接處加上踢腳板，即使地板材或牆壁材切割得不那麼精確，因為有踢腳板將交界處隱藏起來，可使其看起來就像是直線。

壁紙或塗裝也準確施作到踢腳板的上緣，因而踢腳板同時扮演著加工終止的角色。

另外，人的腳或家具會碰到牆壁的下方，也可能被吸塵器等東西撞到，或者堆積灰塵，是容易毀壞且弄髒的部分。因此會釘上深色的踢腳板，不僅髒了也不明顯，也可補強牆壁。

木製踢腳板的大小為 6mm×60mm 左右，而樹脂製的軟踢腳板較便宜也較薄，尺寸約 1mm×60mm，用剪刀就可以很容易剪裁，施工也較為輕鬆。

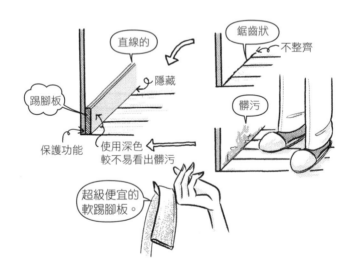

直線的
隱藏
踢腳板
保護功能
使用深色
較不易看出髒污
超級便宜的
軟踢腳板。
鋸齒狀
不整齊
髒污

• 踢腳板是以暗釘和接著劑固定。暗釘是一種釘上之後，可從側面用錘子將付有一圈塑膠套的釘頭敲掉，隱藏起來的釘子。

Q 為什麼要加上填縫材？

▼

A 埋在榻榻米和牆壁的隙縫間，使收邊更完整。

在和室中，常常有柱子比牆壁表面還要凸出的情況，稱為真壁造，順帶一提，將柱子隱藏起來的稱為大壁造。

　　　真壁造→柱子凸出
　　　大壁造→隱藏柱子

在柱子比牆壁還要凸出的設計中，榻榻米和牆壁間就會出現空隙，為了填補這個空隙而放入的細桿件就稱為填縫材。

填縫材是讓牆壁下部和榻榻米端部呈現筆直線條的構材，使收邊部分看起來較為美觀，因此與踢腳板有著同樣功能。

有時為了不使牆壁受損，會在和室內設置踢腳板。若是不拘泥於傳統的設計，在和室裡設置踢腳板也無妨。

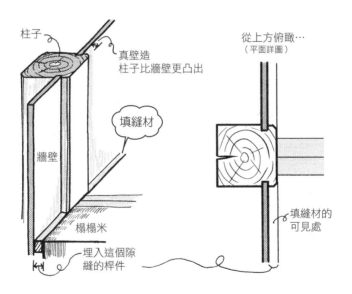

柱子

真壁造
柱子比牆壁更凸出

填縫材

牆壁

榻榻米

埋入這個隙
縫的桿件

從上方俯瞰…
（平面詳圖）

填縫材的
可見處

10

內部裝潢

Q 為什麼要設置線板？

▼

A 使天花板材和牆壁材的收邊較好看。

....

在牆壁和天花板相接的L形角落上加上的細桿件就稱為線板，是環繞天花板邊緣設置的構材。線板有20mm見方左右的細桿件，也有加上各種凹凸形狀（裝飾用的曲線狀斷面）的產品，材質也很多樣，如木材、鋁、樹脂等。

在固定天花板材和牆壁材時，直接將切割過後的木頭以L形架設的話，接合處會露出鋸齒狀的線，這時只要在上面釘上線板，外觀就會是簡潔的直線了。在材料的端部以橫向放入的構材稱為裝飾材或裝飾邊緣，線板也是裝飾材的一種。

有時為了壓低成本會省略掉線板，將牆壁和天花板貼上同樣的壁紙或塗裝來收邊。也有為了讓設計更簡潔，刻意不用線板的情況。

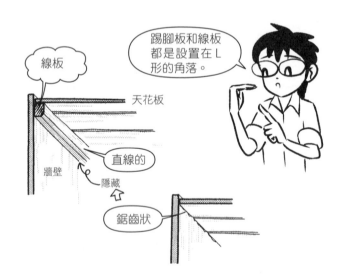

Q 什麼是平頂格柵？

▼

A 用來支撐天花板的角材。

．．

如下圖，將45mm×45mm左右的角材，以455mm的間距並排，就變成用來固定天花板的鋪底，而這桿件就稱為平頂格柵。

在平頂格柵上以910mm（半間）的間隔垂直釘上45mm×45mm的桿件，成為縱橫的格子，釘在平頂格柵上方的桿件稱為平頂格柵支承材。

將天花板鋪底的格子吊起來的桿件稱為吊木，以45mm×45mm、縱橫910mm的間隔設置。

平頂格柵、平頂格柵支承材、吊木的名稱雖然不同，但都是以45mm×45mm或40mm×45mm的角材來製作，也和1樓地板格柵一樣，是相同的角材。

另外，也有將平頂格柵和平頂格柵支承材安裝在同一個平面上，做成平格子的方式。這個時候，因為天花板是同時釘在平頂格柵和平頂格柵支承材上，所以平頂格柵支承材也變成了平頂格柵。

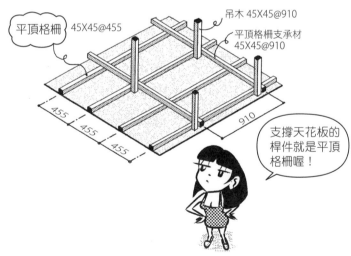

* 天花板的中央會做得比周圍高 10mm 左右，讓它看起來呈水平。

Q 什麼是<u>吊木支承材</u>？

▼

A 用來固定吊木而釘上的橫材。

．．．

若將吊木固定在2樓地板格柵上的話，2樓地板的振動或聲音就會直接傳到1樓的天花板裡。

為了使聲音較不容易傳遞，而在梁到梁之間，設置比平頂格柵還要粗一點的角材，在這個角材上固定吊木的話，就和2樓的地板<u>不直接連接</u>，所以振動或聲音就較不容易往下傳遞，而固定吊木的橫材就稱為<u>吊木支承材</u>，除了角材之外也使用細的原木材。

若沒有在圖面或現場下指示，工匠常常會直接把吊木釘在地板格柵上，在施工現場，通常會選擇較容易的施作方式，所以一定要確切指示使用吊木支承材。

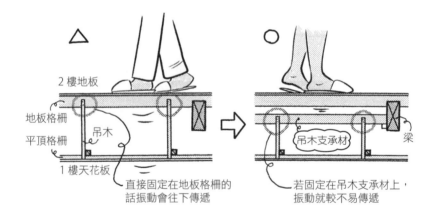

- 市面上也有販售防震吊木，是夾有橡膠來防止上層震動傳遞的吊木。
- 2X4 工法大多直接將天花板鋪在椽木上，雖然可降低層高，樓上的聲音卻容易傳到樓下。

Q 為什麼門框的斷面是凸形呢？

▼

A 因為門檔凸出的關係而變成凸形。

‥‥

如下圖，室內的門大多為在左右和上方加上木製框的三方框，下方的框稱為門檻，在門的地方除了地板的加工材改變，而有高低差之外，大多傾向省略下方的框。

三方框上的所有斷面都是凸形的，因為門檔就埋在靠近框的中央處。功用為阻止門的旋轉、阻絕視線從細縫穿過以及增加氣密性等。

門框從牆壁取 10mm 左右的錯位，用來使其和石膏板或壁紙的收邊較美觀。將壁板插入框上的溝槽，壁板和框之間就沒有空隙，雖然門框斷面一般為凸形，但也還有各式各樣的變形版本。

在固定門框時，從埋有門檔的溝槽朝向牆內有柱子等之處，用螺絲或螺栓固定，當框固定在柱子上之後，將門檔從上方埋入、釘上暗釘後，就不會看到螺絲釘、螺栓的頭了。

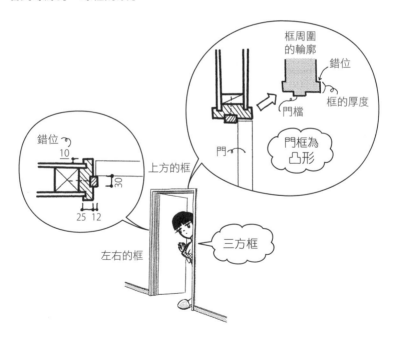

10

內部裝潢

Q 如何將室內的木製門分別畫在比例尺為 1/20、1/50、1/100 的平面圖上。

▼

A 如下圖所示。

在比例尺 1/10 ～ 1/20 的平面圖上，可畫上木製框的門檔、從牆壁的錯位、壁板的插入部位、門（厚 40mm 左右）等，框的詳細尺寸要在 1/5 的圖面上指定較為清楚。

若是 1/50 的圖面，就得省略不少部位。框只要畫出凸形，畫出壁板的厚度時，也不塗成全黑，有一定寬度即可，重點就是大略就好。

在 1/100 的圖面上不畫框，壁板的厚度和門的厚度都變成一條粗線，自己試著畫看看就會知道，沒辦法再畫更多細節。請試著比較看看下圖的手和圖面的大小。

在畫 1/100、省略掉框的圖時，同時在腦中模擬 1/10～1/20 的圖，邊畫出來比較好。

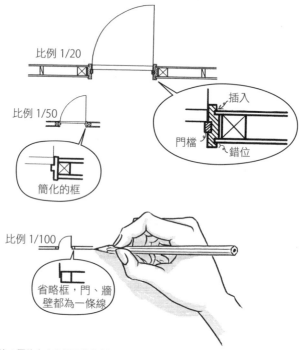

注：圖的大小和標示的比例尺有所不同。

Q 門框的錯位和踢腳板的厚度哪一個會做得比較大？

A 門框的錯位會比較大。

為了讓踢腳板可以與門框相貼，框必須要比踢腳板還要更凸出。如果踢腳板比門框更往外凸出，收邊就會不好看。

下圖設定框的錯位為 10mm，踢腳板的厚度為 6mm。錯位大多都是取 10mm，踢腳板的厚度則多為 10mm 以下，這樣的收邊方式較漂亮，先記住框的錯位為 10mm，從正面看到的厚度為 25mm。

框的錯位→ 10mm
框的厚度→ 25mm

以錯位＞踢腳板寬度的方式來收邊

框如果不稍微凸出，就無法收邊

踢腳板若比門框凸出，會較不好看

框　錯位 10　寬度 25　6　踢腳板

Q 什麼是平面門（flush door）、框門。

▼

A 平面門是在前後2面貼上板子的門；框門則是以4邊的框，在其中嵌入板子或玻璃的門。

....

 平面門是在內部只放入骨（也稱為框），將骨夾在2面板材間的夾心狀的門，flush 也就是同一平面、平坦的意思。

一般會在裡面放進瓦楞紙板或鋁的芯使其不會塌掉，芯則有格子狀或六角形狀的蜂巢芯（honeycomb core，蜂巢狀的六角形芯），或是也有放入保麗龍的平面門。

框門則是和鋁窗一樣用框組成，並在框內嵌入板、玻璃或聚碳酸酯中空板等，框門中的板稱為嵌板，因為會大大影響門的外觀，所以使用品質較佳的化妝板。

不管是哪種門的厚度都是40mm左右。

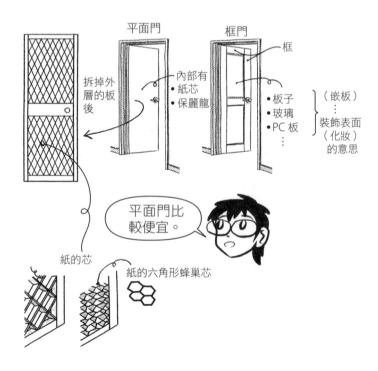

Q 什麼是側桁、縱桁（日：籈桁）？

▼

A 如下圖，將階梯的踏板從 2 側夾住支撐的板為側桁，而將踏板從下方支撐、形成一階一階的形狀的板子為縱桁。

....

因為是用腳踏，所以樓梯每一階的板稱為踏板，又因為看起來是一層一層的，所以也稱為段板，支撐這個踏板的就是側桁和縱桁。

在日本，籈是在桿件上挖溝的樂器，由於樓梯的鋸齒狀看起來像是籈，而有了籈桁（縱桁）這個名稱。桁是支撐梁、和梁垂直相交、置於牆壁上方的橫材，支撐橋的橫材稱為橋桁。將支撐樓梯的板也稱為桁，是比較接近於橋桁的使用方式。因為是形狀像籈的桁或在側面加上的，而稱為籈桁（縱桁）、側桁。

> 側邊的桁→側桁
> 形似籈→籈桁
> 側桁、縱桁約厚 45mm，踏板約 35mm。

以 2 側的板來支撐踏板喔！

踏板

縱桁

側桁

10
內部裝潢

Q 踏板、踢板、級深（run）、級高（rise）是什麼意思？

▼

A 踏板、踢板為樓梯板的名稱，而級深（梯級踏步）、級高（梯級高度）則為尺寸的名稱。

踏板，如同字面的意思，就是用腳踏的板，又稱段板。因為人會踏在其上，所以使用30～36mm的厚板。

封住垂直面的板稱為踢板，因其為腳尖會踢到的地方。而只是將空間封住，所以用6～15mm的薄板就夠了。

梯級踏步也稱為梯級踏步尺寸，是指每階水平方向上的尺寸，級深是沒有包含腳尖踢入的梯級鼻端，因為如果加上梯級鼻端的話，級深就會變得太大，所以就規定不要加上梯級鼻端。

梯級高度是一階的高度尺寸，也稱為梯級高度尺寸。住宅的梯級高度、梯級踏步在日本建築基準法中規定分別為23cm以下、15cm以上，也請記住這2個數字。

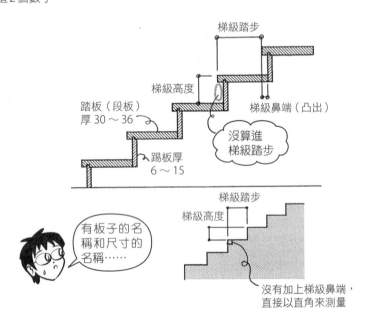

• 階梯的梯級鼻端會加上鋁製或樹脂製等的止滑條，也有不裝設止滑條，而用雕刻機（刨孔、切割）刻鑿溝槽。以筆者的經驗來說，溝槽雖然好看但卻很滑，還是用止滑條比較好。

Q 木造住宅的直線樓梯約有多長？

▼

A 約略大於1間半（略大於2,730mm）。

因為木造住宅的層高為2.8～3m，所以樓梯必須要有13～15階。4階、踏板4塊約占半間（910mm）長。因此設置直線樓梯就會需要略大於1間半的長度。

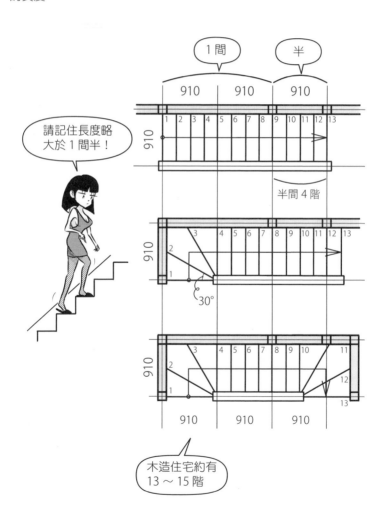

10
內部裝潢

Q 木造住宅中的ㄇ型樓梯的大小為？

A 略大於1間見方（略大於1820mm見方）。

要做13～15階的ㄇ型樓梯時，如果加入45度、30度、60度的階梯就可將所需空間限制在1間見方內。如果能夠再延伸半間長（910/2=455），樓梯會更好爬。

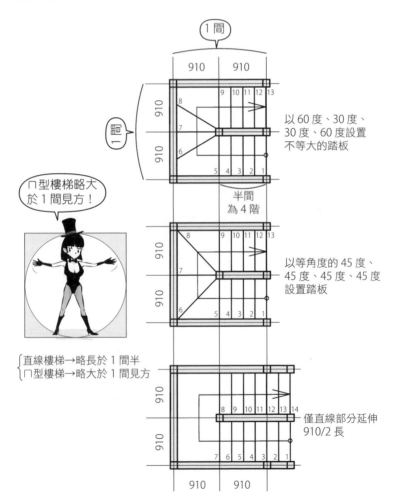

以60度、30度、30度、60度設置不等大的踏板

ㄇ型樓梯略大於1間見方！

以等角度的45度、45度、45度、45度設置踏板

直線樓梯→略長於1間半
ㄇ型樓梯→略大於1間見方

僅直線部分延伸910/2長

Q 書架的層板、衣櫥的掛衣桿的寬度為？

▼

A 約 455mm、約 910mm。

....

書架的寬度如果設為 910mm，那不管層板多厚都會彎曲，書本也容易倒下。建議採用 910mm 一半的 455mm 來當作書架的寬度。掛衣桿的長度以 910mm 為佳，1,820mm 就會彎曲，需在中途將掛衣桿吊起

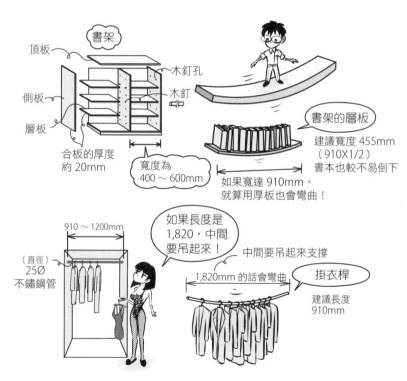

書架

頂板

木釘孔

側板

木釘

層板

合板的厚度
約 20mm

寬度為
400～600mm

書架的層板

建議寬度 455mm
（910X1/2）
書本也較不易倒下

如果寬達 910mm，
就算用厚板也會彎曲！

910～1200mm

（直徑）
25Ø
不鏽鋼管

如果長度是
1,820，中間
要吊起來！

中間要吊起來支撐

1,820mm 的話會彎曲

掛衣桿

建議長度
910mm

・ 筆者無論在書架、掛衣桿上都失敗過很多次，相較於板材厚度或管徑，重要的是寬度做得窄一點。
・ 比起偏紅的柳安木，椴木的表面偏白色而美麗，也可當表層材。書架經常使用厚 18、21、24 的雙面椴木合板，此時會在木材斷面上鋪上薄板。

ZERO KARA HAJIMERU [MOKUZOU KENCHIKU] NYUUMON DAI 2 HAN
Copyright © 2021 Hideaki Haraguchi
All rights reserved.
Originally published in Japan in 2021 by SHOKOKUSHA Publishing.Co.,Ltd.
Traditional Chinese translation rights arranged with SHOKOKUSHA Publishing.Co.,Ltd. through AMANN
CO., LTD.

PaperFilm FI1061

圖解木造建築入門【全新增訂版】：

一次精通木造建築從尺寸、工法、地盤、屋頂到裝潢的基本知識、施工與運用

ゼロからはじめる[木造建築]入門 第2版

作　　　者	原口秀昭
審　　　訂	呂良正
譯　　　者	林郁汝
新版增訂編修	林書嫻
責任編輯	陳雨柔
封面設計	陳文德
行銷企畫	陳彩玉、林詩玫

發 行 人　冷玉雲
編輯總監　劉麗真
出　　版　臉譜出版
　　　　　城邦文化事業股份有限公司
　　　　　台北市民生東路二段141號5樓
　　　　　電話：886-2-25007696 傳真：886-2-25001952

發　　行　英屬蓋曼群島商家庭傳媒股份有限公司城邦分公司
　　　　　台北市中山區民生東路141號11樓
　　　　　客服專線：02-25007718；25007719
　　　　　24小時傳真專線：02-25001990；25001991
　　　　　服務時間：週一至週五上午09:30-12:00；下午13:30-17:00
　　　　　劃撥帳號：19863813 戶名：書虫股份有限公司
　　　　　讀者服務信箱：service@readingclub.com.tw
　　　　　城邦網址：http://www.cite.com.tw
香港發行所　城邦（香港）出版集團有限公司
　　　　　香港灣仔駱克道193號東超商業中心1F
　　　　　電話：852-25086231
　　　　　傳真：852-25789337
馬新發行所　城邦（馬新）出版集團 Cite (M) Sdn Bhd.
　　　　　41-3, Jalan Radin Anum, Bandar Baru Sri Petaling,
　　　　　57000 Kuala Lumpur, Malaysia.
　　　　　電話：+6(03) 90563833
　　　　　傳真：+6(03) 90576622
　　　　　讀者服務信箱 :services@cite.my

一版一刷　2023年10月
I S B N　978-626-315-374-5（平裝）
　　　　　978-626-315-378-3（EPUB）

定價：420元

城邦讀書花園
www.cite.com.tw

國家圖書館出版品預行編目資料

圖解木造建築入門：一次精通木造建築從尺寸、工法、地
盤、屋頂到裝潢的基本知識、施工與運用／原口秀昭作；
林書嫻譯. --一版. -- 臺北市：臉譜出版，城邦文化事業股份
有限公司出版：英屬蓋曼群島商家庭傳媒股份有限公司城
邦分公司發行, 2023.10
　面； 公分. --（PaperFilm；FI1061）
譯自：ゼロからはじめる（木造建築）入門
ISBN 978-626-315-374-5（平裝）
1. CST: 建築物構造 2. CST: 木工
441.553　　　　　　　　　　　　　　　　112013096